JN272888

結び目理論とゲーム
領域選択ゲームでみる数学の世界

河内明夫 + 岸本健吾 + 清水理佳
Akio Kawauchi　Kengo Kishimoto　Ayaka Shimizu

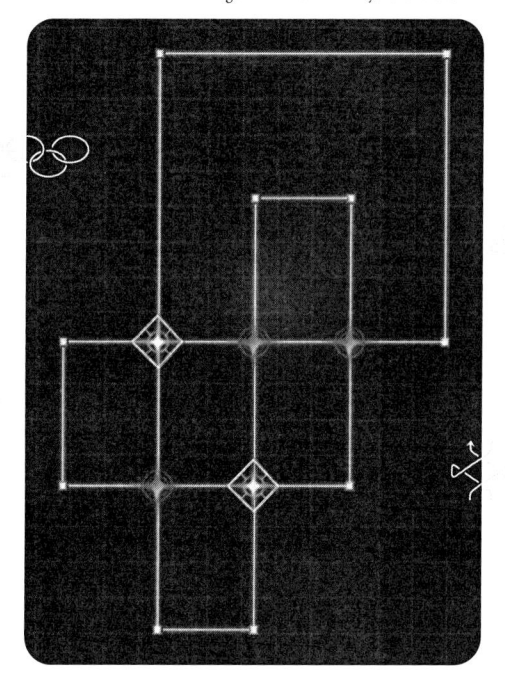

朝倉書店

まえがき

　この本は，2011 年に著者 3 人により発明された結び目理論を応用したゲーム "領域選択ゲーム"の解説を中心に結び目理論を紹介した教科書である．読者対象としては，結び目理論に興味を持つ他分野の研究者，結び目理論に入門を希望する大学生，大学院学生ばかりでなく，広く一般の読者も想定している．

　第 1 章では，結び目理論とはどのような学問かをテーマに，結び目，絡み目，ライデマイスター移動と同型，結び目理論の基本問題，結び目理論の応用などについて議論する．結び目理論を学ぶことの意義についても若干考察している．

　第 2 章では，結び目や絡み目の図式をテーマに，結び目や絡み目の図式，交差点，交代図式，既約な図式，交点数，ひずみ度，単調図式，絡み数について議論する．

　第 3 章では，結び目や絡み目の図式の変形をテーマに，交差交換，局所変形，結び目解消操作，結び目解消数，領域交差交換の定義などについて議論する．この章は，他の章と比較して，結び目や絡み目の図形の変形にまだ慣れていない読者には若干難しく感じられるかもしれない．そのような部分をスキップして読んでも差支えがないが，本論のテーマである領域選択ゲームが生まれるようになったのは，結び目理論の色々ある研究分野の中でも，まさにこの章で議論される "図式的結び目理論"の研究の中からであり，その "文化的雰囲気"を是非読者の皆様に味わってもらいたいと願っている．

　第 4 章では，領域交差交換をテーマに，領域交差交換が結び目解消操作であることの証明を行う．

　第 5 章では，領域交差交換のゲームをテーマに，ランプ付き結び目射影図と

結び目図式の対応，全点灯と単調図式などについて議論する．また，第 4 章での証明のランプ付き結び目射影図版の解説，ゲームの説明，攻略法やゲームの製品の紹介も行う．

　付録 A では，いろいろな結び目をテーマに，トーラス結び目，2 橋結び目，プレッツェル結び目などを紹介する．

　付録 B では，結び目の不変量をテーマに，ジョーンズ多項式，コンウェイ多項式および結び目の符号数不変量を紹介する．

　付録 C は，読者の皆様の理解の促進とさらなる展望の開拓に役立つように各章と付録 A・B につけた練習問題について，それらの略解と参考文献の紹介をまとめたものである．

　最後になりますが，この本の内容について，大阪市立大学数学研究所の森内博正氏および朝倉書店編集部からは有益なご意見をいただきました．ここにお礼申し上げます．

　2013 年 5 月

河内明夫，岸本健吾，清水理佳

目　　次

1. **結び目理論とはどのような学問か** ……………………………… 1
   1.1 結び目と絡み目の数学から科学へ ……………………… 1
   1.2 ライデマイスター移動と同型 …………………………… 4
   1.3 結び目理論の基本問題 …………………………………… 7
   1.4 広がる結び目理論の科学への応用 ……………………… 9
   練習問題 ……………………………………………………… 18

2. **結び目や絡み目の図式** ………………………………………… 20
   2.1 結び目や絡み目の射影図と図式 ………………………… 20
   　 2.1.1 結び目や絡み目の射影図 …………………………… 20
   　 2.1.2 結び目や絡み目の図式 ……………………………… 21
   2.2 単調図式とひずみ度 ……………………………………… 23
   　 2.2.1 単 調 図 式 …………………………………………… 23
   　 2.2.2 ひ ず み 度 …………………………………………… 25
   2.3 絡　み　数 ………………………………………………… 28
   2.4 既約な図式 ………………………………………………… 30
   練習問題 ……………………………………………………… 31

3. **結び目や絡み目の図式の変形** ………………………………… 33
   3.1 局 所 変 形 ………………………………………………… 33
   　 3.1.1 結び目の局所変形と結び目図式の局所変形 ……… 33
   　 3.1.2 交差交換と Δ 変形 ………………………………… 34

3.1.3　♯変形とパス変形 ････････････････････････････････････　36
　3.2　結び目解消数とゴルディアン距離 ････････････････････････････　39
　　　3.2.1　結び目解消数 ･･････････････････････････････････････　39
　　　3.2.2　交差交換に関する結び目解消数 ･･････････････････････　40
　　　3.2.3　△変形に関する結び目解消数 ････････････････････････　41
　　　3.2.4　♯変形に関する結び目解消数 ････････････････････････　43
　　　3.2.5　ゴルディアン距離 ････････････････････････････････　45
　3.3　領域交差交換 ･･　47
　　　3.3.1　領域交差交換 ･･････････････････････････････････････　47
　　　3.3.2　局所変形と領域指数 ･･････････････････････････････　48
　練 習 問 題 ･･　51

4. 領域交差交換 ･･　53
　4.1　結び目図式における領域交差交換 ････････････････････････････　53
　4.2　領域結び目解消数 ･･･　57
　4.3　絡み目図式における領域交差交換 ････････････････････････････　58
　練 習 問 題 ･･　60

5. 領域選択ゲーム ･･　62
　5.1　領域選択ゲーム ･･･　62
　　　5.1.1　領域選択ゲーム ････････････････････････････････････　62
　　　5.1.2　領域選択ゲームの攻略法 ･･････････････････････････　64
　5.2　関連したゲーム ･･･　66
　　　5.2.1　n色の領域選択ゲーム ･･････････････････････････････　66
　　　5.2.2　整数の領域選択ゲーム ････････････････････････････　67
　　　5.2.3　領域点灯ゲーム ････････････････････････････････････　67
　練 習 問 題 ･･　69

A. 付録：いろいろな結び目 ･･････････････････････････････････････　73
　A.1　2橋絡み目 ･･･　73

A.2	トーラス結び目	75
A.3	プレッツェル結び目	77
練習問題		78

B. 付録：結び目の位相不変量 … 80
- B.1 コンウェイ多項式 … 80
- B.2 ジョーンズ多項式 … 84
- B.3 符号数不変量 … 90
- 練習問題 … 93

C. 練習問題の略解と文献 … 95
- C.1 第1章について … 95
- C.2 第2章について … 98
- C.3 第3章について … 99
- C.4 第4章について … 102
- C.5 第5章について … 104
- C.6 付録Aについて … 107
- C.7 付録Bについて … 110

索　引 … 113

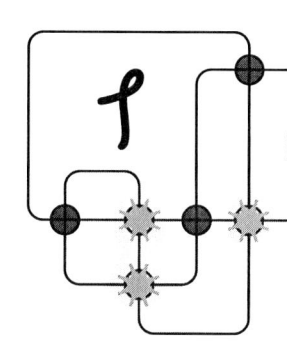

結び目理論とはどのような学問か

結び目理論は，永らく数学の研究分野として研究されてきたが，近年では数学のみならず，物理，化学，生物などの科学とも関連して研究されている．この章では結び目理論とはどのような学問であるのかを考える．

1.1 結び目と絡み目の数学から科学へ

日常生活では，結び目と1本のひもの絡んだ状態を指している（図 1.1）．この絡んだひもの状態を正確に述べるために，数学では，結び目とは図 1.2 のような3次元空間 $\mathbb{R}^3$ 内の閉じたひもとして考える．ここで，特に (1), (2), (3), (4), (5) の結び目はそれぞれ自明結び目，三葉結び目，8 の字結び目，あわび

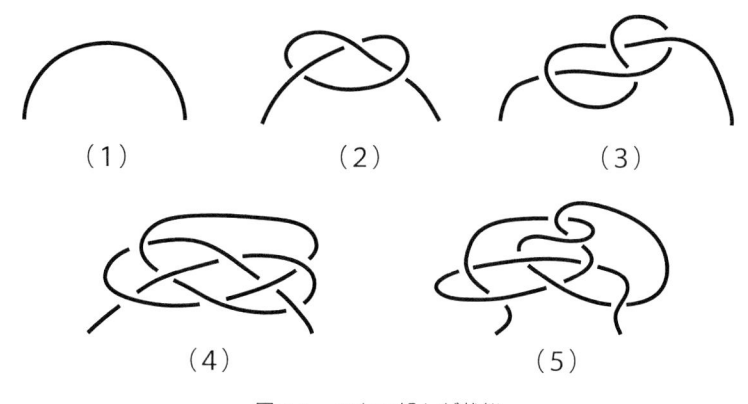

図 1.1　ひもの絡んだ状態

(1)　　　　　　(2)　　　　　　(3)

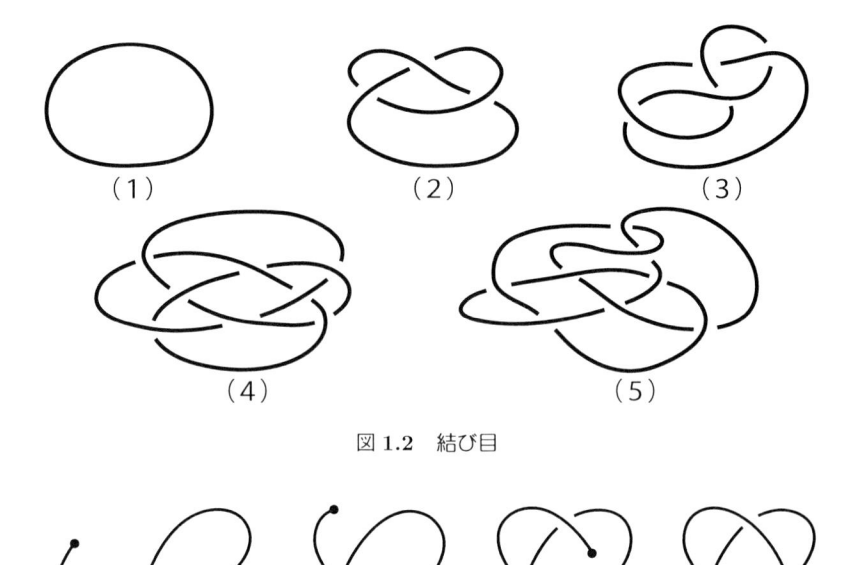

(4)　　　　　　(5)

図 1.2　結び目

図 1.3　どこまでを結び目と考える？

結び目，8_{17} と呼ばれている．一方，閉じていないひもは 3 次元空間 $\mathbb{R}^3$ 内の弧または空間弧と呼ばれている．空間弧を結び目と呼ばない理由は，閉じていないひもがどんなに複雑に絡んでいたとしても，そのひもの端から解いていくことができるからである（図 1.3）．そうはいっても，閉じていないひもでも，普通に結び目として使われているのであるから，どのような意味で結ばれているとみなせるのか，という研究は大切なものであり，最近ではそのような研究もなされるようになってきた．

n 成分の絡み目とは n 個の結び目の集まりのことである（図 1.4 参照）．結び目は 1 成分の絡み目として絡み目の仲間に入れるのが普通である．図 1.5 のように絡んでいない絡み目を**自明絡み目**という．

空間グラフとは，$\mathbb{R}^3$ 内の有限個の弧が端点でのみ重なるように合併してできたもののことである．図 1.6 に示されている 3 つの空間グラフはどれもつな

ホップの絡み目　　　　　　　　ボロミアン環

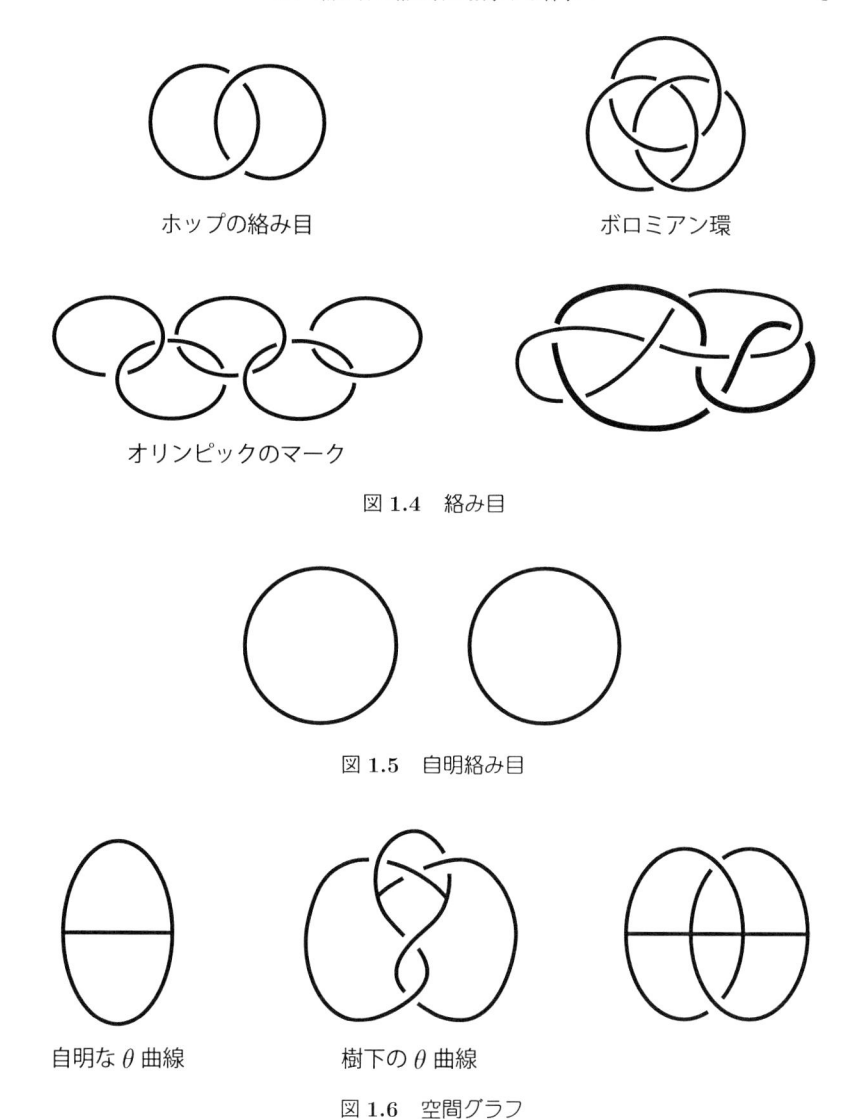

オリンピックのマーク

図 1.4　絡み目

図 1.5　自明絡み目

自明な θ 曲線　　　樹下の θ 曲線

図 1.6　空間グラフ

がっている空間グラフの例であるが，図 1.7 のようにつながっていないような空間グラフもある．$\mathbb{R}^3$ 内の平面上にのっている空間グラフは平面グラフと呼ばれている．

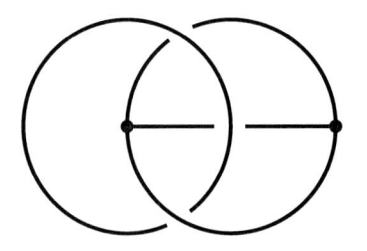

図 1.7　つながっていない空間グラフ

　空間グラフにおいては，使用された空間弧を辺といい，その端点を頂点という．n 本の空間弧の端点が重なってできた頂点を次数 n の頂点という．しかしながら次数 2 の頂点は合併したひもの内点と考えられるので，そのような空間弧は合併して 1 本の辺と考えることにする．空間グラフは，より自然に近い結び目や絡み目の一般化として，結び目理論の研究対象になっている．

1.2　ライデマイスター移動と同型

　3 次元空間 $\mathbb{R}^3$ 内の結び目，絡み目あるいは空間グラフを眺めるとき，実際にはある方向から平面 $\mathbb{R}^2$ へ射影して見ている．2 章において詳しく議論するが，そのことから"見たままの記述"と理解してもよい（結び目，絡み目あるいは空間グラフの）図式という考え方が出てくる．しかしながら，眺める地点を変えれば，結び目，絡み目あるいは空間グラフは同じものでも一般的に違った形（図式）に見える．そのことから，同じ結び目，絡み目あるいは空間グラフとはどのように定義すればよいのかという問題が生じ，ライデマイスター移動という考え方が生まれる．興味深いことに，$\mathbb{R}^3$ 内の結び目，絡み目あるいは空間グラフを定義するのに採用したい，ライデマイスター移動で移りあうような 2 つの結び目，絡み目あるいは空間グラフの図式を同じものとする考え方は，（それらを伸び縮みや連続的な変形が可能なひもでできているとするとき）$\mathbb{R}^3$ 内をあやとりの要領で自由に変形できるものを同じものとする考え方に一致するのである．そこで，結び目，絡み目あるいは空間グラフが同じものであるということを次のように定義する．

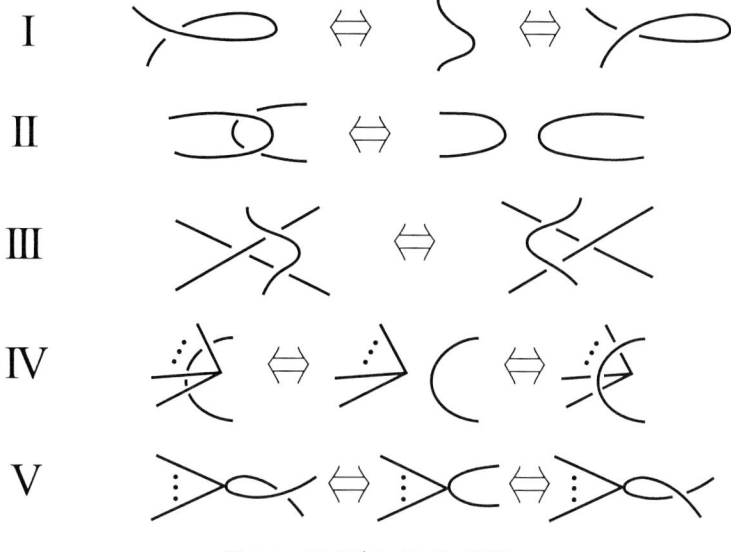

図 1.8 ライデマイスター移動

定義 2つの任意に与えられた結び目，絡み目あるいは空間グラフが同じ（同型）であるとは，それらをそれぞれ平面 $\mathbb{R}^2$ 上に任意に射影して得られる2つの図式が，（それらを伸び縮みや連続的な変形が可能なひもでできているとして）有限回のライデマイスター移動 I-V（図 1.8）（それぞれ RI，RII，RIII，RIV，RV と略記することがある）により移りあえることである（図 1.9 参照）．

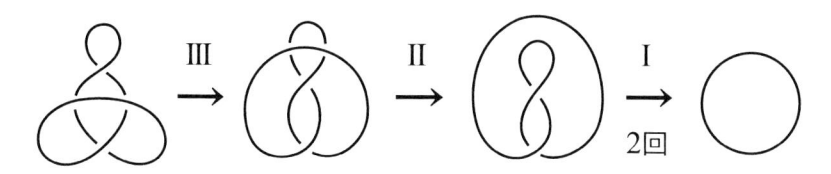

図 1.9 ライデマイスター移動による変形

例えば，2つの結び目または絡み目が同型であるとは，空間グラフには許されている頂点がないので，ライデマイスター移動 I，II，III により移りあえることといっても同じことである点には気づく必要がある．またこの同型の定義の根底には，結び目，絡み目あるいは空間グラフをどこから眺めても，その図

式は有限回のライデマイスター移動（図 1.8）で移りあえるという事実が隠されているのであるから，ライデマイスター移動という考え方を導入することで，$\mathbb{R}^3$ 内の結び目，絡み目あるいは空間グラフの全体像を平面的に完全に捉えたことになる．

また，この定義によれば，結び目，絡み目あるいは空間グラフの図式は，同型の範囲内で無限に違った形に変形できることになる．そこに 2 つの与えられた結び目，絡み目あるいは空間グラフが同型でないことを判定することの難しさがあり，その判定のために数学が必要になるのである．したがって，数学の結び目理論とは，モノとしては同じだが，空間内での配置が異なっているような結び目，絡み目，あるいは空間グラフについて，その位置の差異を数学を使って研究する学問であるといえる．歴史的に結び目理論は数学の 1 つの研究分野であるトポロジー（位相幾何学）の分野と考えられてきたのであるが，その理由としては，2 つの与えられた結び目，絡み目あるいは空間グラフが同じものとすべき条件が，連続的な 1 対 1 対応（同相写像と呼ばれている）というトポロジーの言葉で与えられていることが大きい．上記の同型の定義は，同相写像を使って同型を定義することを別の言葉で言い換えたものなのである．

図 1.10 のように次数 1 の頂点を持つ空間グラフもあるが，次数 1 の頂点を持つ辺は，どんなに複雑に絡んでいたとしても，次数 1 の頂点の方から解いていくことができるから，空間グラフの同型関係には貢献しない．したがって，同型かどうかを考えるときには，次数が 2 以下の頂点がないような空間グラフを考えれば十分である．

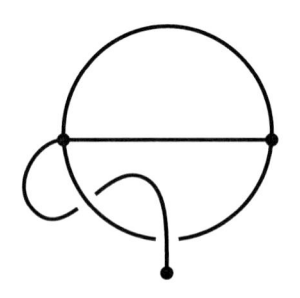

図 **1.10** 次数 1 の頂点を持つ空間グラフ

同型な 2 つの結び目，絡み目あるいは空間グラフは同じものであるとみなすのであるから，既に定義した自明な結び目，絡み目に同型な結び目，絡み目もまた自明な結び目，絡み目ということになる．一方，図 1.2 の (2)～(5) の結び目はその意味でも自明な結び目ではないことがわかっている．実際にそのことを確認するには，本書の付録 B で解説されるコンウェイ多項式やジョーンズ多項式のような，同型となる 2 つの結び目，絡み目についてはそれらのとる値が変わらないような量（位相不変量と呼ばれる）を使う必要がある．図 1.2 の (2)，(3)，(4)，(5) に同型な結び目も，それぞれ三葉結び目，8 の字結び目，あわび結び目，8_{17} と呼ばれる．8_{17} の 8 は，この結び目をライデマイスター移動で動かしたときの最小の交差の数が 8 であることを示している．17 はそのような最小の交差の数 8 を持つ結び目のうちの 17 番目の結び目であるという意味である．三葉結び目，8 の字結び目，あわび結び目は同様の意味で，それぞれ 3_1，4_1，8_{18} と表記されている．

1.3 結び目理論の基本問題

結び目理論の基本問題は次のように述べることができる．

基本問題
(1) どのような結び目，絡み目あるいは空間グラフがあるか．
(2) 同じ結び目，絡み目あるいは空間グラフかどうかを判定する．

具体的にいえば，(1) の問題とは，結び目，絡み目あるいは空間グラフの表を作成することである．(2) が簡単な問題でないことに気づくには，例えば次の問題を考えてみるとよい．図 1.11 の結び目は自明結び目であるかどうかわからない結び目であると仮定しよう．そのとき，どのようにすれば，この結び目が自明結び目であるかどうかを判定できるだろうか？ この結び目をライデマイスター移動で図 1.2 の (1) のような交差点のない図式に変形できれば，それは自明な結び目であると判定できる．しかし変形できなかった場合，それが自明結び目でないから変形できないのか，あるいはそれが本当は自明結び目だ

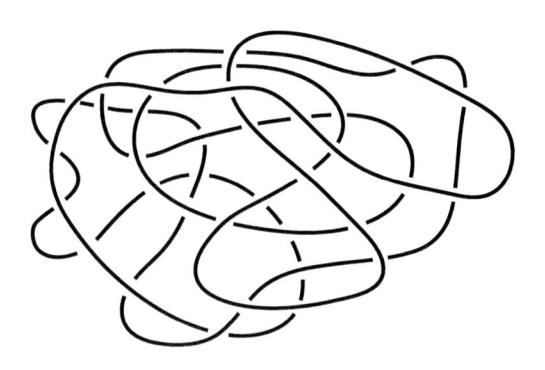

図 1.11　自明かどうかわかりにくい結び目

が正しい変形の手順を思いつかなかっただけなのかわからないので，自明結び目であるとは言い切れない．

　このことから，2つの結び目，絡み目あるいは空間グラフが同じかどうかを判定するのに，ライデマイスター移動で変わらないような数量（すなわち，位相不変量）で，計算可能であるものを開発しようとすることが結び目理論の数学研究の主要な目的であるということもできる．

　結び目，絡み目あるいは空間グラフの交差点の上下をいっせいに逆転させたものを結び目，絡み目あるいは空間グラフの鏡像という．基本問題の特別な場合として，どのような結び目，絡み目あるいは空間グラフの鏡像がもとの結び目，絡み目あるいは空間グラフと同じになるか，という問題もある．例えば，図 1.2 の結び目の鏡像は図 1.12 のようになるが，(2) の結び目（三葉結び目）の場合を除いて，それらの結び目はもとの結び目と同じ結び目になる（問 7）．三葉結び目は付録 B のジョーンズ多項式あるいは符号数不変量を使うことにより，その鏡像と同じ結び目にならないことがわかる．結び目，絡み目あるいは空間グラフの鏡像がもとと同じになるような結び目，絡み目あるいは空間グラフをもろて型の結び目，絡み目あるいは空間グラフと呼んでいる．

(1)　　　　　　　　(2)　　　　　　　　(3)

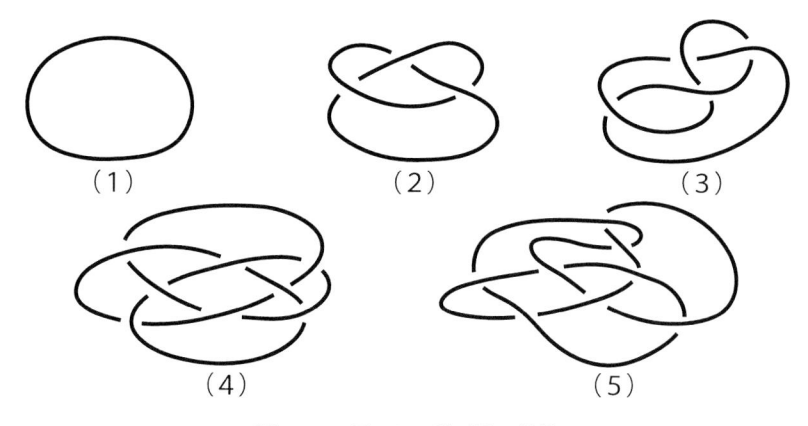

(4)　　　　　　　　(5)

図 1.12　図 1.2 の結び目の鏡像

1.4　広がる結び目理論の科学への応用

　科学におけるひもの考え方を述べてみよう．数学では，ひもは線のことであるが，科学においては，ひもとみなせるもの（すなわち，1次元的な対象物）がひもである．科学における結び目の研究対象としては，3次元空間（3次元としてみた宇宙）内の"ひも"が考えられ，また時間も考慮した4次元空間（時空）内の膜である"曲面"が考えられる．数学では結び目理論と関連しない研究分野を探すのが難しいほどに多岐に関連しているが，以下に見るように，科学技術の発達により，サイエンスにおけるひもとみなせるものが非常に多く存在するようになってきた．

数学以外での結び目理論との関連話題
粒子の運動
宇宙の大規模構造
物質・材料の性質
DNA や蛋白質のもつれ（薬の効き目，血液型，狂牛病，アルツハイマー，…）
がんの仕組み
地震動

心理学におけるこころ
人間関係
文化人類学
経済動向
ゲーム
...

この本では，領域選択ゲームに関連する結び目理論を中心に議論することになるが，ここでは領域選択ゲーム以外の上記話題についても若干説明しておこう．いくつかの話題については第 1 章の文献[1],[2],[3] でも取り上げているので参考にされたい．

(i) 粒子の運動との関連についていえば，ライデマイスター移動 III を粒子の移動に関する方程式（ヤン・バクスター方程式という）として研究されているが，その解から，付録 B で説明されるジョーンズ多項式のような結び目や絡み目の位相不変量が導き出せることが知られている．

(ii) 分子中の原子をグラフの頂点で表し，分子中の 2 つの原子が共有結合のような結合で結ばれているとき，それらの原子に対応する頂点の間を辺で結んでできるような空間グラフを（化学における）分子グラフという（図 1.13）．分子グラフの結び目理論では，辺の連続的な変形の可能性を仮定して，分子グラフ

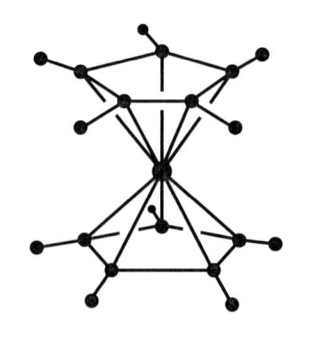

図 1.13　分子グラフ

の3次元空間における配置の可能性を研究する．応用上個々の原子の違い（炭素の原子，酸素の原子，窒素の原子等々）を無視できないので，必ずしも化学のすべての問題が分子の結び目理論的な問題に還元されるわけではないが，同じ分子の構造式を持っていても，3次元空間での配置の違いで異なる性質を示すことがあり，結び目理論的な見方は重要な考え方になっている．例えば，1章の文献[10]を参照されたい．

(iii) 宇宙の大規模構造については，近年ミクロの世界の分子グラフとの類似性が注意され始めている．銀河を点として3次元宇宙に配置していくと興味深いものが見えてくるのである．銀河の全体は，銀河団を頂点とするような網目状の空間グラフを形成しており，さらに超銀河団はフィラメント状の壁をつくっているのである（図 1.14）．

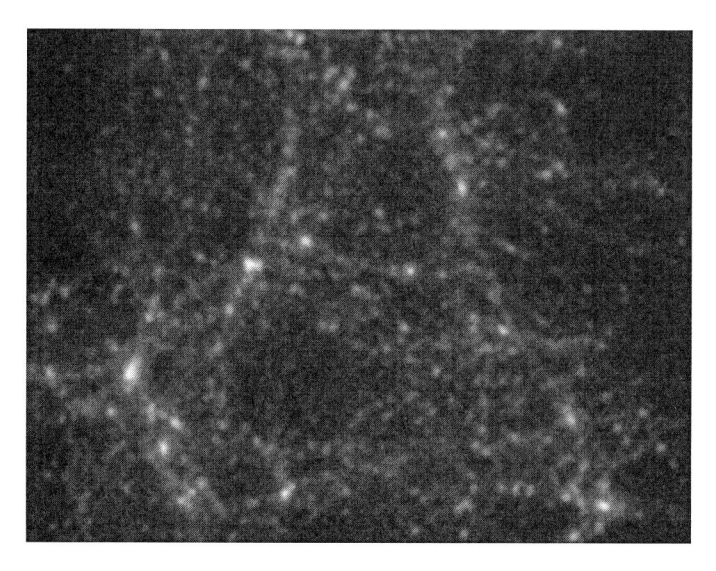

図 **1.14** 宇宙の大規模構造（国立天文台4次元デジタル宇宙プロジェクト提供）

(iv) **DNA** についてであるが，それは2重らせんの2本の長いひもと考えられ，それを一本のひもと見たとき，例えばウイルスやバクテリアのDNAのように，

両端がくっついて輪になるもの（環状 DNA）もある．実際に，環状 DNA により結び目や絡み目が生じることがわかっている．ヒトの DNA の場合には両端はあるが，ミクロの世界で見るとそれは非常に長いために，結び目のようにもつれると容易に解くことが難しくなり，(3 章で詳しく解説されることになる) 結び目や絡み目の交差交換などの局所変形の操作，つまり「解く操作」が必要となる．そのような「解く操作」は実際に遺伝子治療として実行されている．

(v) **蛋白質**とは何カ所かで接している 3 次元空間内のひもと思うことができる．実際，蛋白分子の**第一構造**というのは，基本単位の α アミノ酸基がペプチド結合でチェイン状につながった分子構造のことであり，これは両端が開いたひもとみなすことができる．このチェイン状の分子構造は，一般に α ヘリックスという強固ならせん形の部分をいくつか含んでおり，それらを β シートと呼ばれるジグザグ部分でつないだような構造をしているのであるが，この構造のことを**第二構造**という．このチェイン状の分子構造が 3 次元空間内にどのように配置されているかという空間構造のことを**第三構造**というが，この分子構造は，一般に **S–S 結合**（あるいはジスルフィド結合）と呼ばれる結合によって何カ所かで接している．したがって，蛋白分子の第一構造をひもと思えば，この空間構造は何カ所かで接している空間弧とみなすことができるが，それは如何にして結び目とみなせるかという新たな問題が，結び目理論の研究に提起されている．

(vi) DNA は蛋白質に巻きついているが，DNA の切断と再結合などにより，絡んだ DNA が生じると，細胞をがん化させる蛋白質が生じることがある．**病気**とはおおよそ蛋白質が異常なふるまいを起こすようになったものと考えられ，また**薬**とは，その異常なふるまいの蛋白質に直接働きかける化学物質と解釈できる．

(vii) **プリオン蛋白**は，（蛋白質の構造を決める情報が書かれた部分である）遺伝子を持たない蛋白で，正常プリオンと異常プリオンがあり，何らかの第三構造の違い（すなわち，空間配置の違い）が狂牛病の原因と考えられている．正常プリオンも異常プリオンも同じ第一構造を持っており，一方の端がともに細胞膜にくっつき，またともに 1 カ所 S–S 結合で縛られていることなどがわかって

いる．結び目理論としてこのプリオン蛋白のモデルをつくる場合には，正常プリオンも異常プリオンも一方の端点がともに平面にくっついており，またともに 1 つのループを持つようなひもと考えることができる（図 1.15 参照）．狂牛病最大の謎は正常プリオンと異常プリオンが出会うとどのような仕組みで 2 つの異常プリオンに変換されるのかということである．このプリオン蛋白のモデルにおいては，細胞膜への接着個所または S–S 結合部位に何らかの異常があって絡まると考える場合には，図 1.16 のように，解けない絡まり方が可能である．詳しくは 1 章の文献[8]を参照されたい．狂牛病においては，異常プリオンが蓄積してアミロイド線維が形成されるが，前駆アミロイドベータと呼ばれる蛋白質の断片の蓄積で起こる病気であるアルツハイマーについても同様に，それらの断片からアミロイド線維が形成されることが知られている．この蛋白質の結び目モデルを構成して，アミロイド線維の絡まり方を研究することも結び目理論としては興味深い研究といえる．

図 1.15　プリオンの結び目理論的なモデル

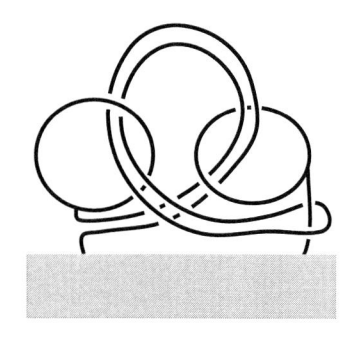

図 1.16　解けないプリオンの絡まりのモデル

(viii) 地震動による観測地点の時間パラメータによる軌跡は，地震動の"指紋"と呼んでもよいような 3 次元空間内の曲線（地震曲線）を描く（図 1.17 参照）．地震計はそれを観測する機械である．地震でどのように複雑に揺れたかという問題は空間曲線の問題であり，結び目理論の問題である．

図 1.17　地震曲線

(ix) 日常生活の中で，性格・人格やこころのありようはひもにたとえて表現されている．例えば，

素直な性格，ひねくれた性格，思いの糸，こころがつながる，こころが固い絆で結ばれる，こころの琴線，人間関係のもつれ，わだかまりが解ける，．．．

等々の表現が使われている．こうして，性格・人格やこころを結び目で表現しても矛盾が生じにくいことが経験上わかる．心理学におけるこころを結び目で図示する研究を筆者の一人は行ってきた．その詳細は，1 章の文献[1],[3],[4] などを見られたい．性格・人格やこころを結び目で表現したとき，人間関係は絡み目として表現できる．例えば，人間関係を解消できるかどうかという観点から

見た 2 人の間の人間関係は，この本の 3 章で解説される結び目の交差交換に関する結び目理論の結果を使うと，図 1.18 に示されるような 3 種類の絡み目に分類できる．一番左の絡み目は親子関係のように切っても切れない関係を表し，中央の絡み目はどちらからでも関係を断ち切ることができる良好な友達関係を表している．最も右の絡み目は，一方からは関係を断ち切ることができるが，他方からは関係を断ち切ることができないような「良好でない関係」を表している．この 3 番目の関係を結び目理論として考えると，関係を断ち切ることができる人は必ずひねくれた性格の持ち主でなければならず，この関係はまさに害悪をもたらすような関係といえる．この 3 番目の関係において，「関係を断ち切ることができる人」から解放された人のことを，世間では"呪縛から解放された人"などと表現されているようだ．

図 1.18　2 人の間の人間関係

(x) 3 本のひもを交互に捩って作られる三編み（図 1.19 参照）は，短いひもから長いひもを作る技術である．縄文土器の文様の中に三編みがあることは，縄文時代には三編みの特性が知られていたことを示す証拠といえる．鉄のない時代であるので，三編みの技術は縄文時代には相当便利な技術であったろうと思われる（1 章の文献[2],[3] 参照）．このように結び目は文化人類学とも関わっている．

図 1.19　三編み

(xi) 経済変動を 3 次元空間内のひもとして表現することも興味深い．3 つの経済指標を用意し，それらをそれぞれ xyz 空間内の x 軸，y 軸，z 軸の正方向とみなす．例えば月単位の経済指標の数値を xyz 座標に持つ点を配置していき，それらの点を時系列に沿って線分でつないでいくと，何カ所かで接する可能性もあるが，空間弧ができる（図 1.20 参照）．3 つの経済指標として，どのような経済指標を用意すれば結び目状態が生じるのかとか，世界恐慌のような場合にはどのような図形を描くかとか，結び目理論を利用した興味深い問題が考えられる．

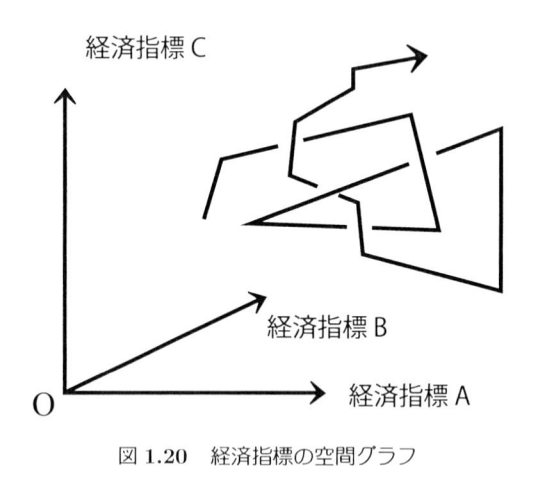

図 1.20　経済指標の空間グラフ

以上見てきた結び目，絡み目あるいは空間グラフの例が指し示していることは

森羅万象の基本には結び目がある！

という考え方である．結び目が社会科学を含めた色々な科学と関連する理由は，結び目理論はこの 3 次元空間内で起こりうるひも状の位置のあり方を単純化して研究する学問であるからである．

サイエンスにおける結び目の数学の役割をまとめてみると，次の 2 点を挙げることができよう．

(1) それぞれのサイエンスにおいて課された条件の下で，どのような絡まり方

が可能かを研究し，それらを重複なしにリストアップすること
(2) 2つのひも（あるいは曲面）の絡まりが与えられているときに，それらは同じか違うかを判定すること

　結び目を早期に学習することの意義についても述べておこう．1章の文献[5)]を参照されたい．

(a) 科学現象は多くがひもの曲がりと関連するので，それを早期に知ることは重要である．
(b) 結び目を利用すると，科学を説明しやすいことがよくある．
(c) 結び目を観察することの重要性として次のようなものがある．
　　(1) 図形をみる力がつく．
　　(2) 3次元空間の中で生きていることに気づく．
　　(3) 空間把握力がつく．
　　(4) 社会生活に役立つ．
(d) 結び目を変形して調べることの重要性として次のようなものがある．
　　(1) 違った地点から眺める訓練．
　　(2) 思考の柔軟性が身につく（観点を変える訓練）．
　　(3) 既成概念にとらわれず新しい発見がしやすくなる．

　結び目の数学は，式で表さないで論証する学問であり，また定規やコンパスを必要とせず，その点でユークリッド幾何の進化した図形の学問といえよう．図形をみる力がつくことや空間把握力がつくことの利点は，数学，数理科学あるいは数学を使う社会科学を含めたいろいろな科学の問題について，具体的なイメージを持つ力を身につけるのに役立ち，その問題を解決する能力を向上させることに役立つと考えられるからである．
　もう少し詳しく述べると，1章の文献[9)]には右脳・左脳のメカニズムについての説明がある．右利きの人の例であるが，数学に関していえば，左脳には論理的思考，数学の知識・抽象思考，物事の数量評価，暗算などの主に抽象思考のためのメカニズムが集中しており，また右脳には空間的視覚機能，空間感覚・

空間認知，視覚的記憶，数字を書く能力，筆算などの主に具象思考のためのメカニズムが集中している．数学者の思考過程についても，1章の文献[9]で次のように説明されている．

(1) まず最初に視覚パターンや運動パターンを使って考える（そのためには右脳思考により，数学の具体的なイメージを持つ力が必要となる）．
(2) 研究の最終段階に入って，右脳思考から左脳思考へと移動し，やっと数式を使うことになる．
(3) 最後に，研究成果を発表する等のために，左脳思考により視覚パターンや運動パターンを普通の言葉に翻訳する．

　結び目の数学を学習することは，社会生活を送る上から有用であり，また知的好奇心を育む上からも役立つばかりでなく，このメカニズムによると視覚パターンや運動パターンを使って考える図形による右脳思考の強化に貢献し，究極的には未解決の数学的な難問の解決に向けて役立つだろうと期待できる．
　この本で紹介する領域選択ゲームについては，数字を知らない幼児の数学アルゴリズム教育のための教材（言い換えると，数字を知らない幼児の数学力の向上のための教材）として使えるような開発研究も行っている．幼児へ数学を教えようとするならば，普通は数字を暗記させることから始めるだろうが，その作業は将来の数学の勉強のために重要な作業であることは確かであるが，数学力向上のための数学のアルゴリズムの教育訓練とはいえないだろう．なお，小学生，中学生，高校生に対する結び目の数学教育の取組みも実行されており，その記録として1章の文献[6],[7]があるので参考にされたい．

♡ 練習問題　　　　　　　　　　　　　　Question

問 1　図 1.11 の結び目は自明な結び目であることを示せ．

問 2 図 1.21 の結び目は自明な結び目であることを示せ.

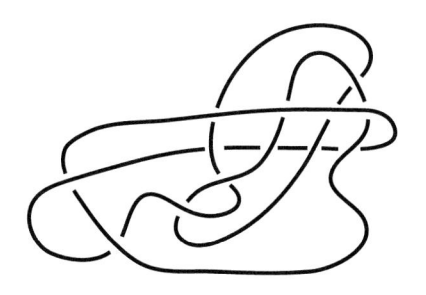

図 1.21 自明結び目

問 3 一筆書きできる平面グラフには，奇数個の辺が集まっている頂点が存在しないか，あるいはちょうど 2 個存在することを示せ．

問 4 奇数次数の頂点がないか，あるいはちょうど 2 個存在するようなつながっている平面グラフは，各頂点に集まる辺に適当な上下をつけることにより，1 本の空間弧にできること（したがって，そのような平面グラフは一筆書きできること）を示せ．

問 5 8 の字結び目，あわび結び目，8_{17} は，それぞれそれらの鏡像と同じ結び目であることを示せ．

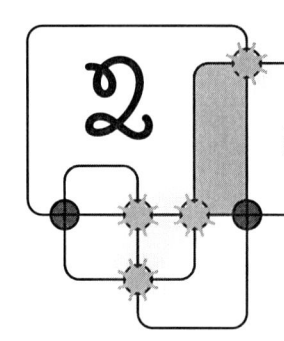

2 結び目や絡み目の図式

3次元空間 $\mathbb{R}^3$ の中の結び目や絡み目を，平面 $\mathbb{R}^2$ とみなせる紙面や黒板に書き表し，"図式"として扱うことができる．この章では結び目や絡み目の図式について説明し，図式からわかることをいくつか紹介する．なお，1章の文献[2)]はこの章の一般的参照として役立つだろう．

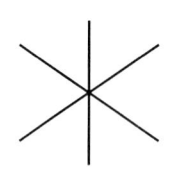

2.1 結び目や絡み目の射影図と図式

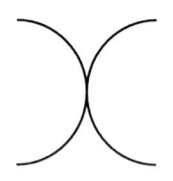

2.1.1 結び目や絡み目の射影図

結び目，絡み目をある平面 $\mathbb{R}^2$ に射影して得られる図形を，それぞれ結び目射影図，絡み目射影図という．ただし，この本で扱う射影図の多重点は 2 重点のみで，しかもその 2 重点の付近ではひもが横断的に交わるようなものとしておく．

2重点でない　　　　　横断的でない

図 2.1　だめな交わり方

したがって，図 2.1 に表されるような交わり方は考えないことにする．射影す

る平面を少しだけ傾けたり，結び目や絡み目を3次元空間内で少しだけ動かすことによって，このような交わり方を避けることができる．

図2.2には，三葉結び目の射影図 P, Q, R が描かれている．射影図の交点の個数のことを交点数という．図2.2の P, Q, R の交点数はそれぞれ，3, 3, 5である．

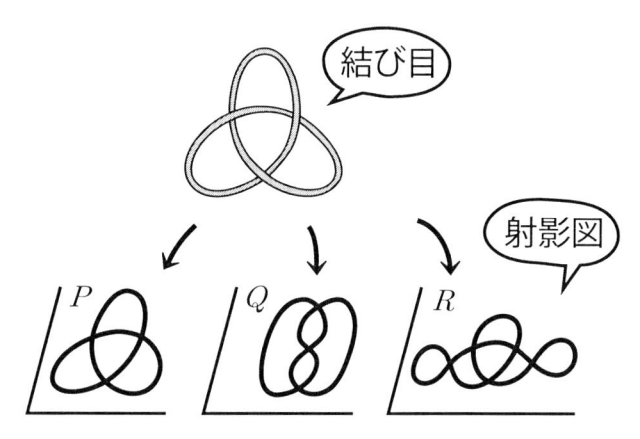

図 2.2　三葉結び目の射影図

2.1.2　結び目や絡み目の図式

図2.3のように結び目射影図（または絡み目射影図）の各2重点に"上下の情報"を与えて結び目（または絡み目）を表したものを結び目図式（または絡み目図式）という．

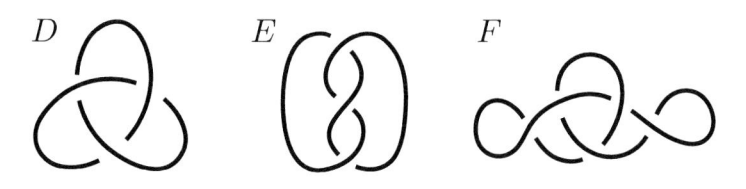

図 2.3　三葉結び目の図式

上下の情報を持った交点のことを交差点という．射影図の交点数と同様に，絡み目の図式 D の交差点の個数のことを，D の交点数という．交点数が 0 の

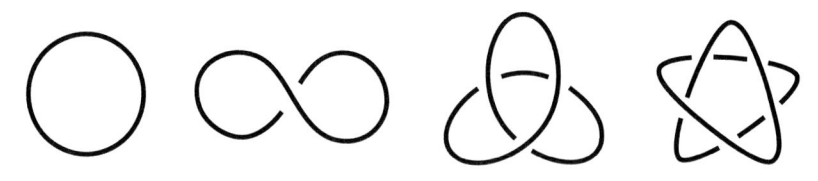

図 2.4　自明結び目の図式

結び目図式のことを自明な結び目図式という．図 2.4 の左端は自明な結び目図式を表し，それ以外の 3 つの図式は自明結び目の非自明結び目図式である．

結び目図式をある地点から 1 周たどろうとするとき，ちょうど 2 通りの向きが考えられる．この向きを図 2.5 のように矢印で表すことにする．

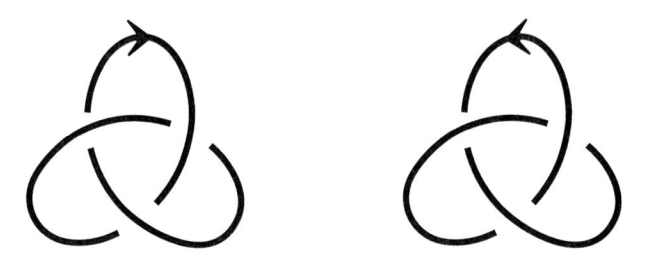

図 2.5　向き付けられた結び目図式

向きが与えられた結び目図式のことを，向き付けられた結び目図式という．絡み目に関しては，図 2.6 のようにすべての成分に向きが与えられているとき，向き付けられた絡み目図式であるという．

図 2.6　向き付けられた絡み目図式

図式をある向きにたどっていくときに，常に交差点の上側と下側を交互に通るような図式のことを交代図式，または交代的な図式であるという．自明な図式も交代図式とみなす．図 2.3 において，図式 D, E は交代的な図式であり，F は交代的でない図式である．与えられた n 交点 $(n \geqq 1)$ の結び目射影図，あるいは絡み目射影図に対し，各交点に上下の情報を与えることによって 2^n 通りの図式を得る．そのうちちょうど 2 つが交代図式であり，それらは鏡像の関係である（図 2.7 参照）．

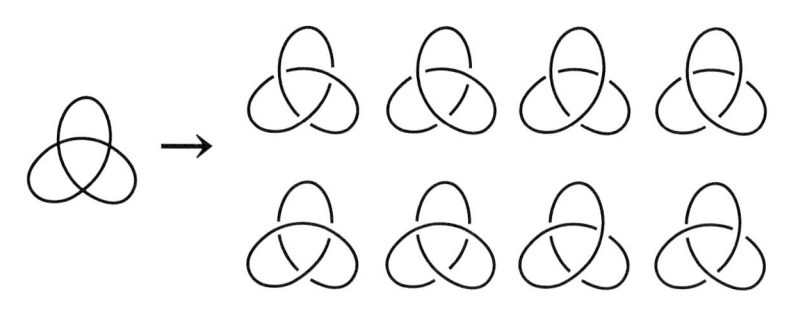

図 2.7　結び目射影図から得られる結び目図式

2.2　単調図式とひずみ度

2.2.1　単調図式

向き付けられた結び目図式に対し，交差点を避けてある 1 点，すなわち基点をとる．結び目図式 D と基点 a をあわせて D_a と表記し，基点付き結び目図式と呼ぶ．交点数が n $(n \geqq 1)$ の結び目図式に対して，基点のとり方は $2n$ 通りあ

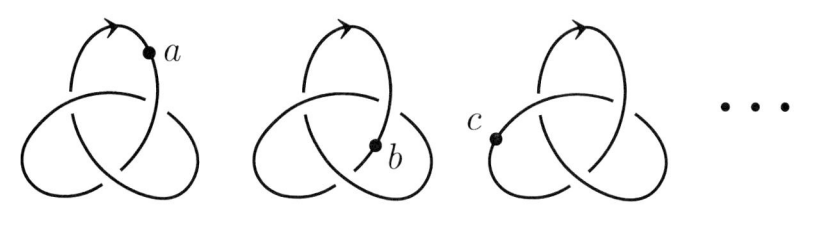

図 2.8　基点付き結び目図式

る（図 2.8 参照）．

　向き付けられた基点付き結び目図式 D_a において，基点 a から図式 D を向きに沿って 1 周たどっていくときに，各交差点を 2 回ずつ通過するのであるが，すべての交差点において常に先に上側を通るようなとき，D は a に関して**単調**である，あるいは D_a は単調であるという．また D を単調にするような基点が存在するとき，D は単調であるという．例えば図 2.9 において，D_a は単調であり，D_b は単調でないが，D は単調である．一方，図 2.8 に示された図式は単調でない．交差点のない結び目図式も単調であるとみなす．

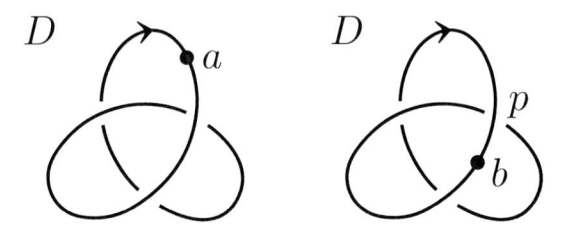

図 2.9　単調な基点付き図式と単調でない基点付き図式

　交差点の上下の入れ換えにより，どのような結び目図式でも単調にできる（図 2.10 参照）．単調な結び目図式はライデマイスター移動 I，II，III により交差点のない図式に変形できる．例えば，1 章の問 11 とその解答（付録 C）を理解すれば気づくことであるが，単調な結び目図式の向きに沿って基点を過ぎた最初の交差点から出発し，その交差点まで戻ってくる図式は単調であり，それ

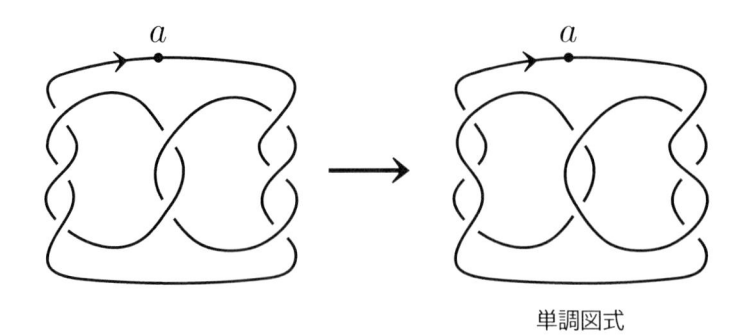

単調図式

図 2.10　単調図式への変形

をその交差点をなくするようにライデマイスター移動 I，II，III により縮めることができるからである．

r 成分の絡み目の絡み目図式 D については，D の中に含まれている結び目成分図式を基点付き結び目成分図式 D_{a_i} $(i=1,2,\ldots,r)$ として，基点列 $\mathbf{a}=(a_1,a_2,\ldots,a_r)$ をとることにより，D を基点付き絡み目図式 $D_\mathbf{a}$ として考えるのである．そのとき，基点付き絡み目図式 $D_\mathbf{a}$ が単調であるとは，基点付き結び目成分図式 D_{a_i} と D_{a_j} $(i<j)$ の間の交差点についてはつねに D_{a_i} の部分が上で D_{a_j} の部分が下になりかつすべての基点付き結び目成分図式 D_{a_i} が単調になることである．どのような絡み目図式でも，結び目図式同様，交差点の上下の入れ換えにより単調にできるし，また単調な絡み目図式はライデマイスター移動 I，II，III により交差点のない図式に変形できる．こうして，単調な絡み目図式で表される絡み目は自明絡み目である．

2.2.2 ひずみ度

$D_\mathbf{a}$ を単調でない，向き付けられた，基点付き絡み目図式とする．D を基点 a_1 から順に各成分を 1 周ずつたどっていくときに，下側を先に通過するような交差点を $D_\mathbf{a}$ のひずみ交差点という．例えば，図 2.9 において，交差点 p は D_b のひずみ交差点である．また，図 2.11 の $D_\mathbf{d}$ ($\mathbf{d}=(d_1,d_2)$) において，交差点 p,q,r,s は $D_\mathbf{d}$ のひずみ交差点である．

$D_\mathbf{a}$ のひずみ交差点の個数のことを，$D_\mathbf{a}$ のひずみ度（あるいは基点付きひずみ度）といい，$d(D_\mathbf{a})$ と表記する．例えば，図 2.11 の $D_\mathbf{d}$ ($\mathbf{d}=(d_1,d_2)$) にお

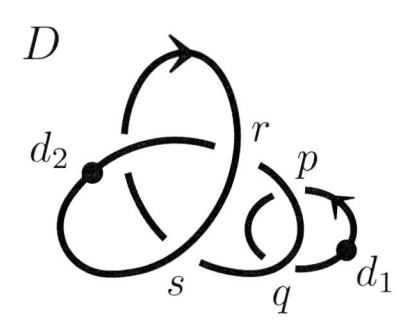

図 2.11 ひずみ交差点

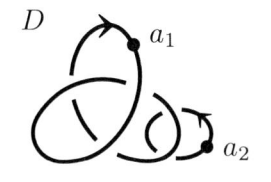

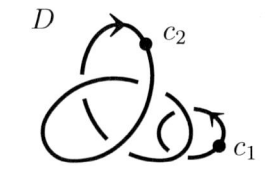

図 2.12

いて，$d(D_\mathbf{d}) = 4$ である．D のすべての基点列におけるひずみ度の最小値を，D のひずみ度といい，$d(D)$ と表記する．例えば，図 2.12 の D のひずみ度は，$d(D_\mathbf{a}) = 0$ ($\mathbf{a} = (a_1, a_2)$) より $d(D) = 0$ である．$d(D_\mathbf{a}) = 0$ であることと $D_\mathbf{a}$ が単調であることは同値であり，また $d(D) = 0$ であることと D が単調であることは同値である．ひずみ度とは，つまり，図式がどれぐらい単調でないか（ひずんでいるか）を表す量である．ひずみ度は向きにも依存する．例えば図 2.13 の向き付けられた結び目図式 D のひずみ度は 1，D の向きを逆向きにしたもの（これを $-D$ と書く）のひずみ度は 2 である．図 2.13 には，結び目図式のひずみ度が向きによって異なる例と，異ならない例を挙げてあるので，調べてみると面白いだろう．

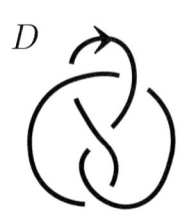

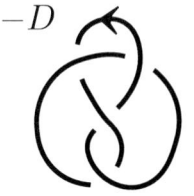

図 2.13 ひずみ度は向きに依る

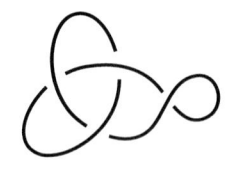

異なる　　　　　　　　　　異ならない

図 2.14

2.2 単調図式とひずみ度

D を，1つ以上交差点を持つ，向き付けられた結び目図式とする．交差点をはさんでとなり合った基点 a, b におけるひずみ度 $d(D_a)$ と $d(D_b)$ の関係を考える．

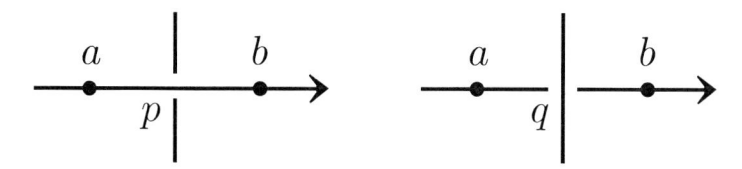

図 2.15　となり合った基点

図 2.15 左のように，b は a から上交差点 p を越えた位置関係にあるとき，D_a と D_b は p 以外では同じ交差点においてひずみ交差点を持つ．また p は D_a のひずみ交差点ではないが，D_b のひずみ交差点ではある．よって $d(D_b) = d(D_a) + 1$ という関係が成り立つ．同様に，図 2.15 右のように b は a から下交差点を越えた位置関係にあるとき，$d(D_b) = d(D_a) - 1$ が成り立つ．よって D が交代図式であるとき，図式に沿って基点を動かすと基点付きひずみ度は $d(D)$ と $d(D)+1$ の 2 つの値を繰り返す．

次に，向き付けられた基点付き結び目図式 D_a と，その向きを逆にして得られる $-D_a$ において，$d(D_a)$ と $d(-D_a)$ の関係を考える．

図 2.16 のように交差点 p が D_a のひずみ交差点であるとき，定義より D を a から向きに沿ってたどると下交差点として p と出会う．一方 a から逆向きに D をたどると（すなわち $-D$ の向きに沿ってたどると）上交差点として p に出会う．このように，向きを逆向きにするとひずみ交差点であるか否かも逆になるのである．よって，D_a と $-D_a$ が持つひずみ交差点は完全に異なり，すべての交差点

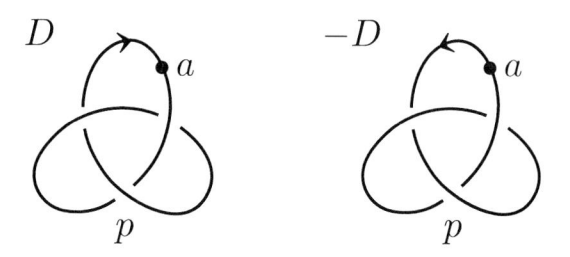

図 2.16　逆向きの基点付き結び目図式

は D_a か $-D_a$ のどちらかのひずみ交差点となるから，$d(D_a) + d(-D_a) = c(D)$ が成り立つ．ここで $c(D)$ とは D の交点数のことである．D が 1 つ以上交差点を持つときは，図 2.15 に見たように，

$$\max_a d(D_a) - \min_a d(D_a) \geqq 1$$

が成り立つ．ただし，$\max_a d(D_a)$ とはすべての基点 a における基点付きひずみ度 $d(D_a)$ の最大値のことであり，$\min_a d(D_a)$ とはすべての基点 a における基点付きひずみ度 $d(D_a)$ の最小値のことである．この不等式の等号が成り立つための必要十分条件は D が交代的であるということである．定義から，$\min_a d(D_a) = d(D)$，また $d(D_a) + d(-D_a) = c(D)$ から，$\max_a d(D_a) = c(D) - d(-D)$ である．以上から，次の不等式を得る．

$$d(D) + d(-D) + 1 \leqq c(D)$$

等号が成り立つための必要十分条件は D が交代図式であることである．例えば，図 2.13 の D において，$1 + 2 + 1 = 4$ である．

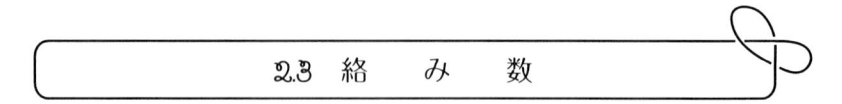

2.3 絡み数

向き付けられた結び目図式または絡み目図式 D のある交差点に対し，図 2.17 のように符号を与える．

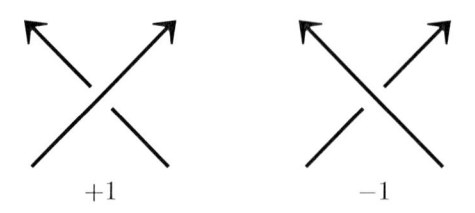

図 **2.17** 交差点の符号

D のすべての交差点における符号の和を，D のねじれ数という．例えば，図 2.6 の絡み目図式 D のねじれ数は 10 である．2 成分以上の絡み目の図式 D のある 2 つの結び目成分 D_i と D_j に対して，D_i と D_j が交わる交差点のみにお

ける符号の総和の半分の数を，D_i と D_j の絡み数といい，$\mathrm{Link}(D_i, D_j)$ と表記する．

絡み目図式のライデマイスター移動における絡み数の変化を見てみよう．まず，ライデマイスター移動 I は同一結び目成分内での変形であるから絡み数には影響しない．ライデマイスター移動 II においては 2 つの交差点の符号 $+1$ と -1 が打ち消し合い，符号の総和は変わらない．最後にライデマイスター移動 III においては，対応する交差点の符号は変わらない（図 2.18 参照）．

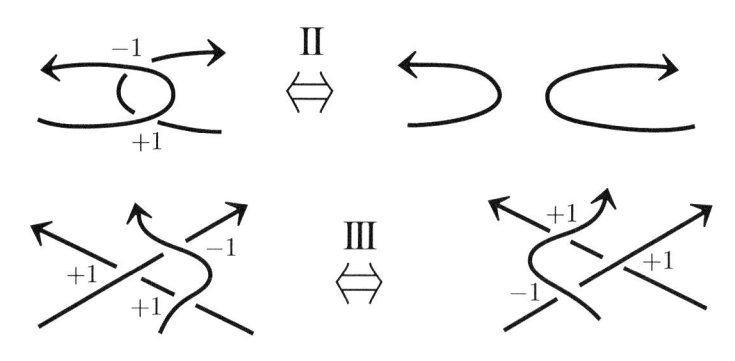

図 2.18 絡み数は変わらない

よって絡み数は図式のライデマイスター移動において不変であり，向き付けられた絡み目の不変量である．ホップの絡み目は，どのように向きを与えても絡み数は $+1$ または -1 である（図 2.19）．このことから，ホップの絡み目は，絡み数が 0 の自明な 2 成分絡み目とは異なるということがわかる．

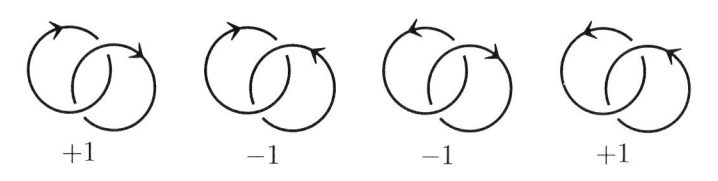

図 2.19 ホップの絡み目の絡み数

一方，図 2.20 の 2 成分絡み目，ホワイトヘッドの絡み目は，どのように向きを与えても絡み数は 0 となり，絡み数だけでは自明絡み目と区別することができない（しかし，付録 B で紹介されているジョーンズ多項式を使えば区別で

図 2.20 ホワイトヘッドの絡み目

2.4 既約な図式

結び目や絡み目の図式 D（または射影図 P）に対して，ある交差点（または交点）p の近くの部分を取り除くとき，図式（または射影図）が 2 つの部分に分かれるならば，D（または P）は可約である，p は可約な交差点（または可約な交点）であるという．図 2.21 に描かれた結び目図式はすべて可約である．

図 2.21 可約な図式

一方可約でない図式（または射影図）のことを，既約な図式（または既約な

射影図）であるという．図 2.22 に描かれた結び目図式はすべて既約である．

図 2.22　既約な図式

別の言い方をすると，すべての交差点（または交点）がそれぞれ異なる 4 つの領域に囲まれているときその図式（または射影図）は既約である．一方，可約な図式（または射影図）の可約な交差点（または交点）は 3 つの領域に囲まれている．自明な結び目図式は既約である．

練習問題

問 1　図 2.23 の結び目図式 A, B, C, D の中で 1 つだけ違う結び目を表している．その図式はどれか．

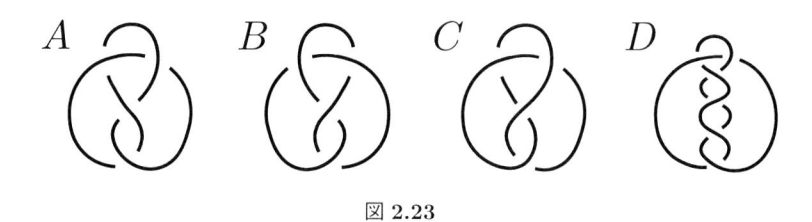

図 2.23

問 2　図 2.3 の 3 つの図式 D, E, F が同じ結び目を表していることを，ライデマイスター移動を用いて確認せよ．

問 3　図 2.24 の向きと基点 a が与えられた結び目射影図に対して，単調図式となるように各交点に上下の情報を与えよ．

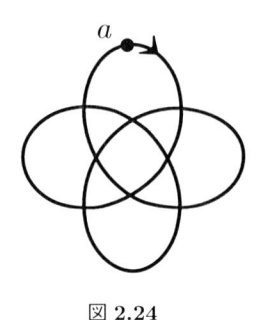

図 2.24

問 4　図 2.24 の向きと基点 a が与えられた結び目射影図に対して，ひずみ度が 1 の結び目図式 D_a となるように各交点に上下の情報を与えよ．

問 5　結び目図式 D の鏡像 D^* に対して，$d(D_a)$ と $d(D_a^*)$ との関係，および $d(D^*)$ と $d(-D)$ の関係を求めよ．

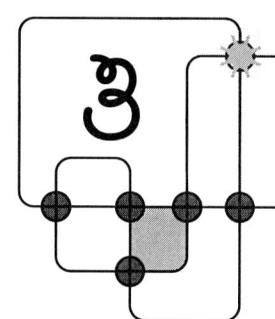

3 結び目や絡み目の図式の変形

この章ではライデマイスター移動や交差点の上下を入れ替える操作のような結び目や絡み目の図式の1部分を変形する操作である局所変形について考える.

3.1 局所変形

3.1.1 結び目の局所変形と結び目図式の局所変形

3次元空間 $\mathbb{R}^3$ においてある球面 S で仕切られた領域 B を, 球面 S を境界に持つ **3次元球体** という. 境界 S 上に端点を持つような3次元球体 B 内の互いに交わらない n 本の弧の集まり T を B における (**n-**) **タングル** という. タングルを図示するときには, 結び目, 絡み目あるいは空間グラフのときと同じように, タングル T を円板 D へ射影して得られるような図式として考える (図3.1 参照).

図 3.1　3-タングル

$\mathbb{R}^3$ 内の結び目または絡み目 K から 3 次元球体 B により切り取られたタングル T を，S 上のある T の端点と一致する端点を持つような別のタングル T' に置き換えるならば，K から別の結び目または絡み目 K' が得られる．このような操作を K から K' への局所変形という．この操作は図式から図式への操作として実行可能である．すなわち，結び目または絡み目の図式が与えられているとき，それから切り取られた円板内のタングルをその端点と一致した別のタングルに置き換えることにより別の結び目または絡み目の図式が得られるが，この操作が図式の局所変形である．ライデマイスター移動 I, II, III は図式の局所変形の典型的な例である．その際，図式の形によっては局所変形を行える部分がない場合もあるが，ライデマイスター移動を使うことによって，局所変形を行える場所を作るのである．

3.1.2 交差交換と Δ 変形

タングルのそれぞれの弧について向きを加えたものを有向（向き付けられた）タングルという．有向結び目については有向タングルの向きを保つような置き換えを局所変形として考えることとする．

向きに依らない典型的な局所変形として，交差交換と Δ 変形（図 3.2 参照）を考える．

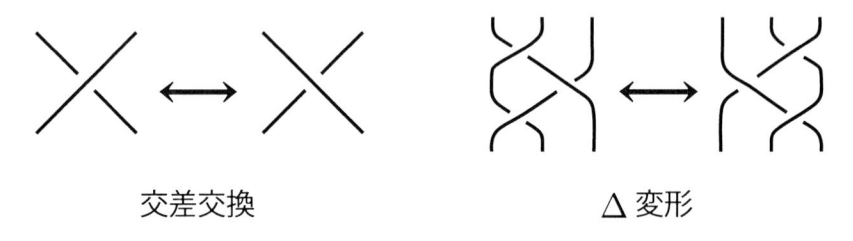

交差交換　　　　　　　　Δ 変形

図 3.2

交差交換については 2 つの弧に 4 通りの向きの入れ方が考えられるが，いずれも同じものであるので向きは考えなくてよいことがわかる．しかし Δ 変形については向きに依るかどうかは明らかではない．そこでまず向きを無視して図 3.3 のように交差点の上下をすべて入れ替えた局所変形（Δ^* 変形と呼ぶ）と

3.1 局所変形　　　　　　　　　　　　　　　　　　　　　35

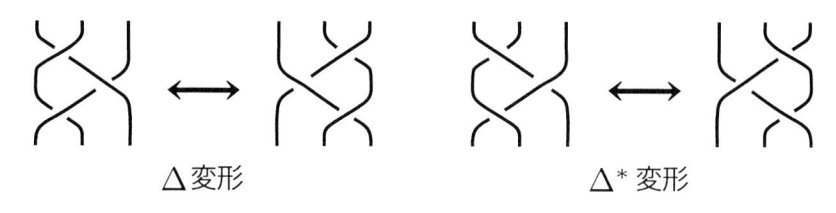

図 3.3

の関係を考える．次の命題が成り立つ．

命題 Δ 変形と Δ^* 変形は互いにちょうど 1 回だけ行うことによって得られる．

[証明] 図 3.4 より，Δ^* 変形は Δ 変形をちょうど 1 回だけ行って得られる．また図 3.4 のすべての交差点の上下を入れ替えることで，Δ 変形が Δ^* 変形をちょうど 1 回だけ行って得られることも示せる．　　　　　　　　　□

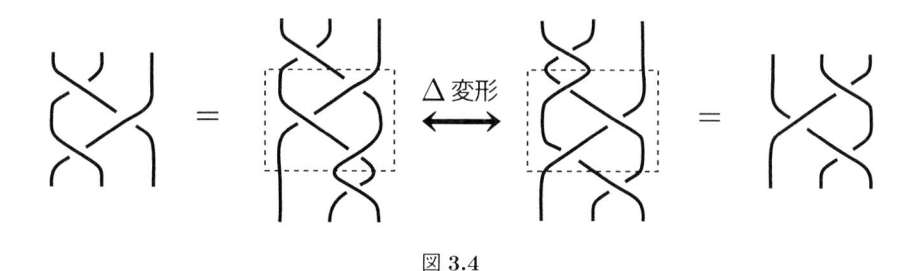

図 3.4

次に Δ 変形に関しては，3 つの弧の向きの入れ方から 8 通りの局所変形を考えることができる．先ほどの命題により，実際は図 3.5 の 2 通りの局所変形 Δ_1

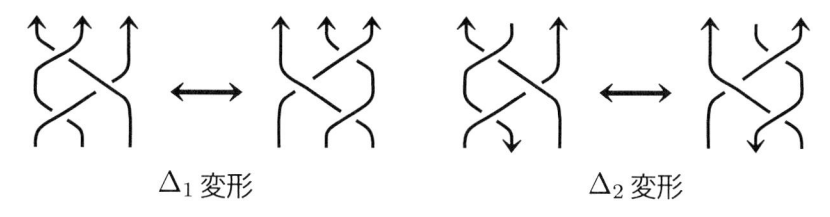

図 3.5

変形と Δ_2 変形を考えれば十分である．このとき，次の命題が成り立つ．

命題 Δ_1 変形と Δ_2 変形は互いにちょうど 1 回だけ行うことによって得られる．

[証明] 図 3.6 より，Δ_2 変形は Δ_1 変形をちょうど 1 回だけ行って得られる．また Δ_1 変形は Δ_2 変形をちょうど 1 回だけ行って得られる（練習問題の問 1）． □

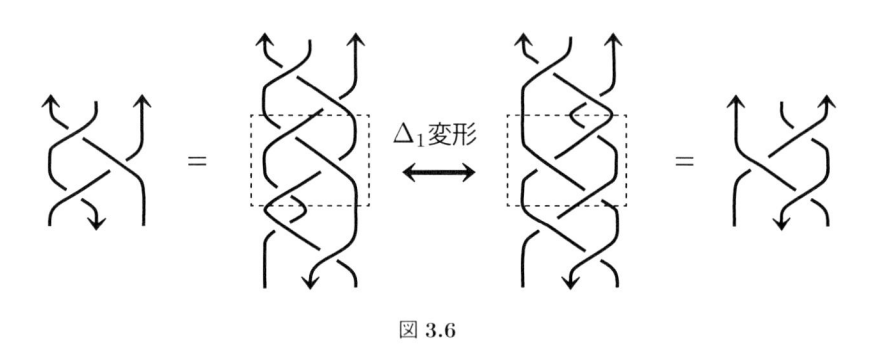

図 3.6

この 2 つの命題から Δ 変形が交差点の上下や弧の向きに依らない局所変形であることがわかる．

3.1.3 ＃変形とパス変形

弧の向きに依る典型的な局所変形として＃変形とパス変形（図 3.7 参照）を考える．

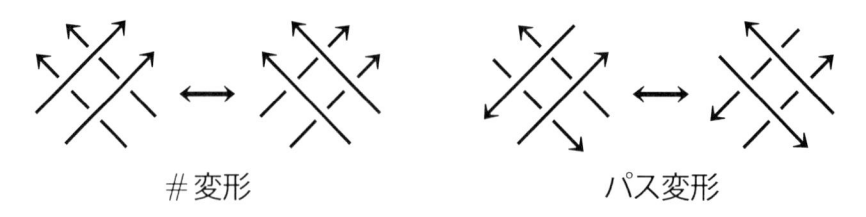

＃変形　　　　　　　　　　　　　　　　　　パス変形

図 3.7

この 2 つの局所変形は向きを無視すればまったく同じものであることに注意する．これらの局所変形は 4-タングルの交換であるので，そのまま扱うことは容易ではない．そこでこれらの局所変形が含んでいる扱いやすい局所変形をいくつか紹介する．

はじめに t_4 変形と Γ 変形（図 3.8 参照）を考える．次の命題が成り立つ．

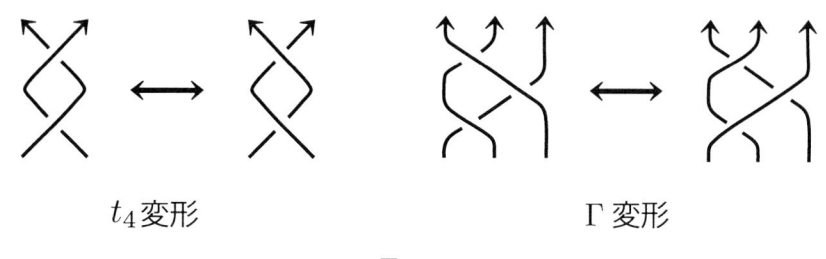

図 **3.8**

命題 t_4 変形と Γ 変形は，それぞれ $\#$ 変形をちょうど 1 回だけ行うことによって得られる．

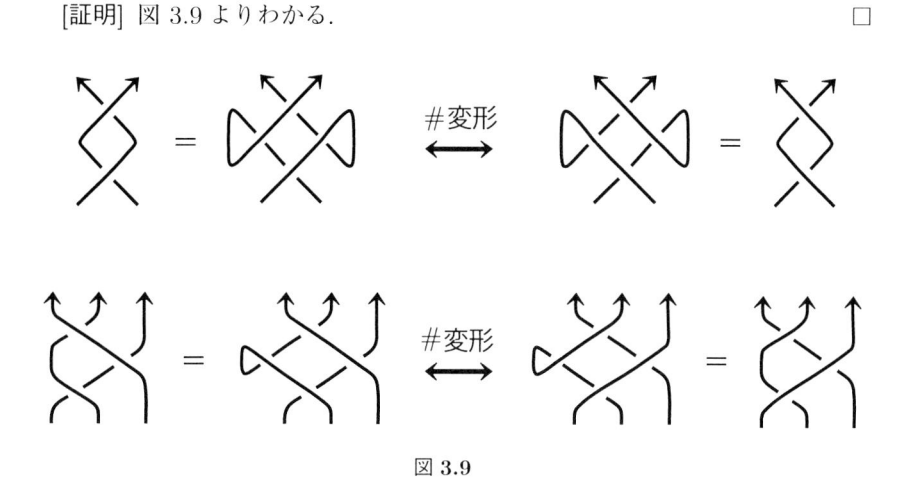

[証明] 図 3.9 よりわかる． □

図 **3.9**

次に $\overline{t_4}$ 変形と γ 変形（図 3.10 参照）を考える．このとき，次の命題が成り

立つ.

$\overline{t_4}$ 変形 γ 変形

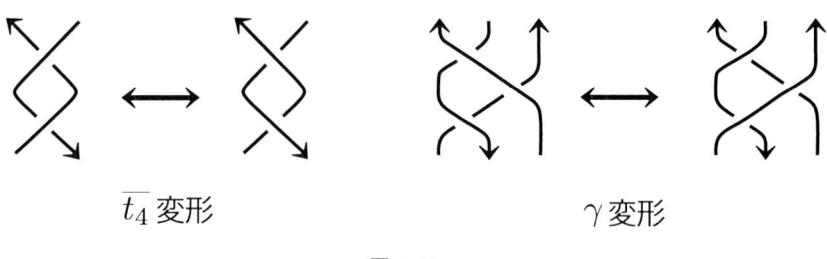

図 3.10

命題 $\overline{t_4}$ 変形と γ 変形は,それぞれパス変形をちょうど 1 回だけ行うことによって得られる.

[証明] 図 3.11 よりわかる.   □

図 3.11

このとき,次の命題が成り立つ.

命題 パス変形は,♯ 変形を 4 回行って得られる.

[証明] 図 3.12 より,γ 変形は ♯ 変形を 2 回(Γ 変形と t_4 変形)行うことに

よって得られる．

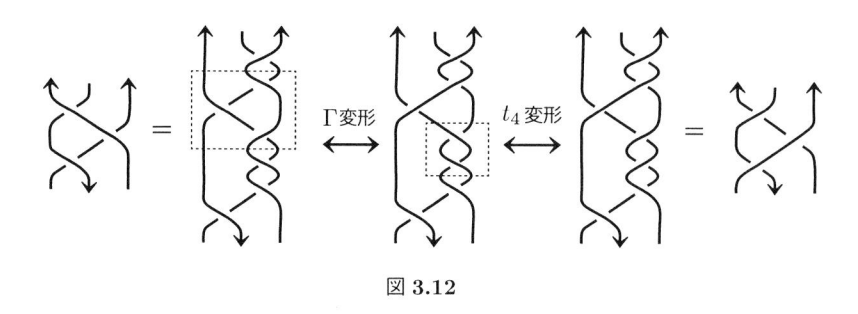

図 3.12

また図 3.13 より，パス変形は γ 変形を 2 回行うことによって得られる．

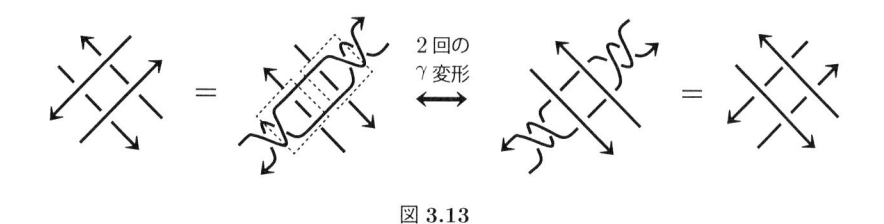

図 3.13

以上からパス変形は，$\#$ 変形を 4 回行うことによって得られることが示された． □

3.2 結び目解消数とゴルディアン距離

3.2.1 結び目解消

結び目のある局所変形について，その局所変形を有限回行うことで任意の結び目を自明な結び目に変形することができるとき，その局所変形を**結び目解消操作**という．交差交換，Δ 変形，$\#$ 変形について，次の基本的な命題が成り立つ．

命題 交差交換，Δ 変形，$\#$ 変形は結び目解消操作である．

[証明] 任意の結び目図式は交差点の上下を適当に変えることで単調な図式にでき，その単調な図式は自明結び目を表すので，交差交換が結び目解消操作であることがわかる（2.2.1 項参照）（△ 変形と # 変形については，3 章の文献[3],[4]参照）． □

ある 1 つの結び目解消操作について，結び目 K を自明な結び目に変形するために必要なその結び目解消操作の最小回数を K の結び目解消数という．結び目 K の交差交換，△ 変形，# 変形に関する結び目解消数をそれぞれ $u(K)$，$u_\triangle(K)$，$u_\#(K)$ と表す．パス変形は結び目解消操作でないことがわかっているので，パス変形に関する結び目解消数は定義されない．例として三葉結び目の交差交換，△ 変形，# 変形の結び目解消数を挙げておく．

例 三葉結び目 3_1 は $u(3_1) = 1$，$u_\triangle(3_1) = 1$，$u_\#(3_1) = 1$ である（図 3.14）．

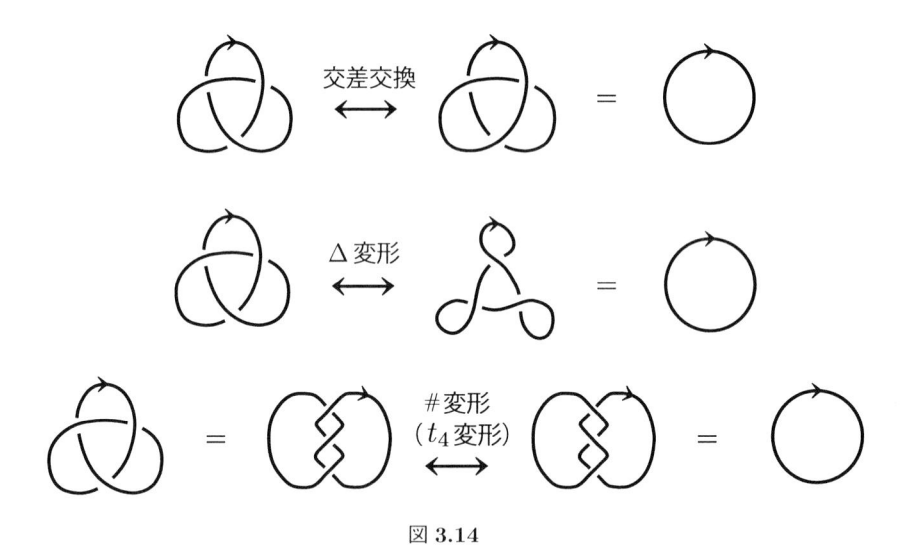

図 3.14

3.2.2 交差交換に関する結び目解消数

結び目 K の符号数 $\sigma(K)$（付録 B 参照）は，1 回の交差交換を行ったとき次の定理のように変化することが知られている．

定理（3 章の文献[5]参照）K_+ と K_- を図 3.15 のように 1 つの交差点 c の符号でのみ異なるような図式がそれぞれ表す結び目とする．このとき

$$\sigma(K_+) - \sigma(K_-) = 0 \text{ または} -2$$

となる．

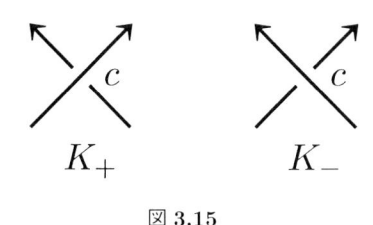

図 3.15

この定理を用いることで $u(K)$ と $\sigma(K)$ に関する次の不等式が得られる．

系 任意の結び目 K に対して $u(K) \geqq \dfrac{|\sigma(K)|}{2}$ が成り立つ．

例を 1 つ挙げておこう．

例 結び目 5_1 は，図 3.16 のように 2 回の交差交換で自明な結び目に変形できる．また $\sigma(5_1) = -4$ であることから $u(5_1) \geqq 2$ である．したがって $u(5_1) = 2$ となることがわかる．

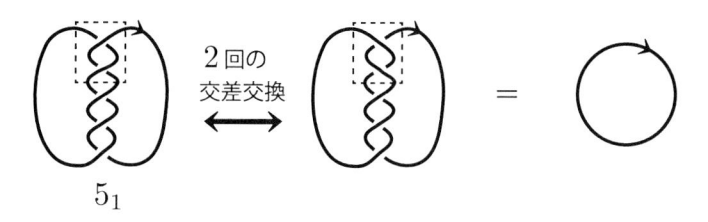

図 3.16

3.2.3 △ 変形に関する結び目解消数

交差交換と △ 変形については次のような関係がある．

命題 △ 変形は交差交換を 2 回行って得られる．

[証明] 図 3.17 からわかる． □

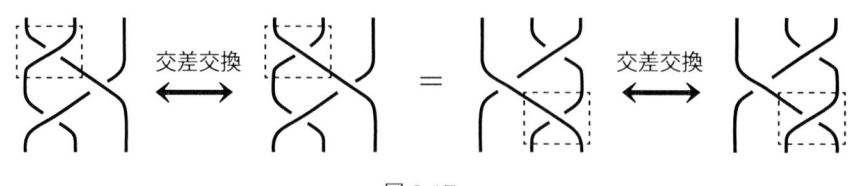

図 3.17

また △ 変形を得るために必要な 2 回の交差交換に着目すると，$u_\triangle(K)$ と $\sigma(K)$ に関する次の不等式が得られる．

命題 任意の結び目 K に対して $u_\triangle(K) \geqq \dfrac{|\sigma(K)|}{2}$．

[証明] 図 3.17 の交差交換をする 2 つの交差点は，各弧にどのような向きを与えたとしても異なる符号となっている．つまり △ 変形は，符号が正の交差点を負の交差点にする交差交換と，その逆の交差交換の 2 回によって得られる．よって 1 回の △ 変形で変化する符号数は $-2, 0, 2$ のいずれかとなる． □

次に結び目 K のコンウェイ多項式 $\nabla_K(z)$（付録 B 参照）の 2 次の係数 $a_2(K)$ について考える．コンウェイ多項式が結び目の不変量であることから $a_2(K)$ も結び目の不変量となる．この $a_2(K)$ は △ 変形に関して次の性質を持つことが知られている．

定理（3 章の文献[6] 参照）K_1 と K_2 を 1 回の △ 変形で移りあう結び目とする．このとき
$$a_2(K_1) - a_2(K_2) = 1 \text{ または } -1$$
となる．

この定理から，直ちに次の結果が得られる．

系 任意の結び目 K について次が成り立つ．
(1) $u_\Delta(K) \geqq |a_2(K)|$,
(2) $u_\Delta(K) \equiv a_2(K) \pmod 2$.

例を挙げよう．

例 (1) 結び目 5_2 は，図 3.18 のように Δ 変形を 2 回行うことによって自明な結び目に変形できる．また $a_2(5_2) = 2$ であることから $u_\Delta(5_2) \geqq 2$ である．したがって $u_\Delta(5_2) = 2$ となることがわかる．

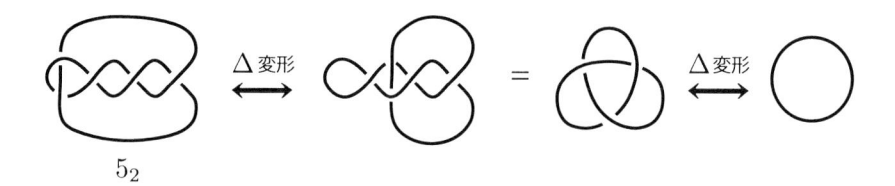

図 3.18

(2) 結び目 $8_5 = P(3,3,2)$ は，図 3.19 のように Δ 変形を 3 回行うことによって自明な結び目に変形できる．また $\sigma(8_5) = -4$ であることから，$u_\Delta(8_5) \geqq 2$ となる．さらに $a_2(8_5) = -1$ であることから $u_\Delta(8_5) \equiv 1 \pmod 2$ となるので $u_\Delta(8_5) \geqq 3$ となることがわかる．したがって $u_\Delta(8_5) = 3$ である．

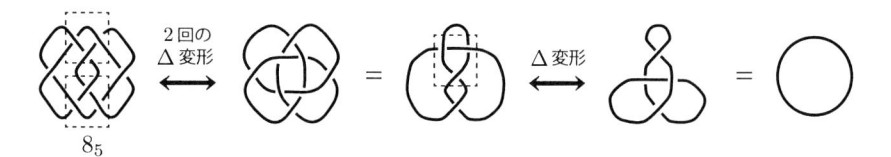

図 3.19

3.2.4 $\#$ 変形に関する結び目解消数
$\#$ 変形は交差交換を 4 回行うことによって得られるので，単純に考えると

$u_\#(K) \geqq \dfrac{|\sigma(K)|}{8}$ という不等式が得られるが，次の定理からもっと有効な不等式を導くことができる．

定理（3 章の文献[3]）参照）K_+ と K_- を図 3.20 のような 4 つの交差点でのみ異なるような図式がそれぞれ表す結び目とする．このとき
$$\sigma(K_+) - \sigma(K_-) = -2, -4 \text{ または } -6$$
となる．

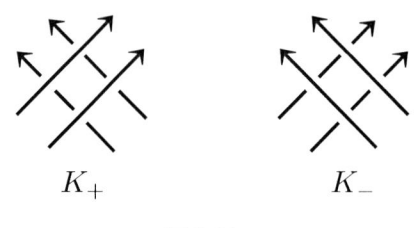

図 3.20

この定理を使うことにより，次の不等式が得られる．

系 任意の結び目 K について $u_\#(K) \geqq \dfrac{|\sigma(K)|}{6}$ が成り立つ．

また，$a_2(K)$ については次のような定理が知られている．

定理（3 章の文献[3]）参照）任意の結び目 K について $u_\#(K) \equiv a_2(K) \pmod{2}$ が成り立つ．

例を挙げよう．

例 8 の字結び目 4_1 は，図 3.21 のように $\#$ 変形を 3 回行うことによって自明な結び目に変形できる．また $\#$ 変形は符号数を必ず変化させるので，$\sigma(4_1) = 0$ であることから $u_\#(4_1) \geqq 2$ となることがわかる．さらに $a_2(4_1) = -1$ である

ことから $u_\#(4_1) \equiv 1 \pmod{2}$ となるので，$u_\#(4_1) \geqq 3$ となる．したがって $u_\#(4_1) = 3$ である．

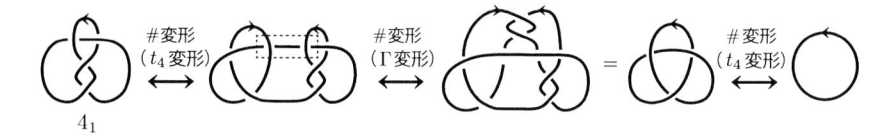

図 **3.21**

△ 変形と ＃ 変形は，$a_2(K)$ を必ず変化させることから，結び目を必ず元と異なる結び目に変形させるという性質があることがわかる．一方，交差交換やパス変形はそのような性質は持たないことに注意しよう（練習問題の問 6 参照）．

3.2.5 ゴルディアン距離

結び目解消数の拡張として，2 つの結び目の間の距離を考える．ある局所変形について，結び目 K_1 を別の結び目 K_2 にするために必要なその局所変形の最小回数を K_1 と K_2 のゴルディアン距離という．K_2 が自明な結び目ならば結び目解消数の定義と同じである．局所変形が結び目解消操作であるならば，任意の 2 つの結び目のゴルディアン距離は有限となることに注意する．結び目解消操作でない場合，有限回で変形できないような結び目の組が存在することになるが，そのような場合はそれらのゴルディアン距離を無限大 ∞ とする．このように定めることで，すべての局所変形についてゴルディアン距離が定義でき，実際にゴルディアン距離は結び目全体からなる集合に関して距離の公理をみたす．

ここでは，2 つの結び目 K_1, K_2 の交差交換，△ 変形，＃ 変形，パス変形に関するゴルディアン距離をそれぞれ $d_G(K_1, K_2)$, $d_G^\triangle(K_1, K_2)$, $d_G^\#(K_1, K_2)$, $d_G^p(K_1, K_2)$ と表す．

ゴルディアン距離に対しては，結び目解消数と同様に結び目 K の符号数 $\sigma(K)$ やコンウェイ多項式の 2 次の係数 $a_2(K)$ の変化を考えることによって，次の不等式が得られる．

命題 任意の結び目 K_1, K_2 に対して次が成り立つ.
$$d_G(K_1, K_2) \geqq \frac{|\sigma(K_1) - \sigma(K_2)|}{2}$$

例を挙げておこう.

例 図 3.22 から，結び目 4_1 は結び目 8_5 から交差交換を 2 回行うことによって得られる．また $\sigma(4_1) = 0$, $\sigma(8_5) = -4$ であることから $d_G(4_1, 8_5) \geqq 2$ である．したがって $d_G(4_1, 8_5) = 2$ である.

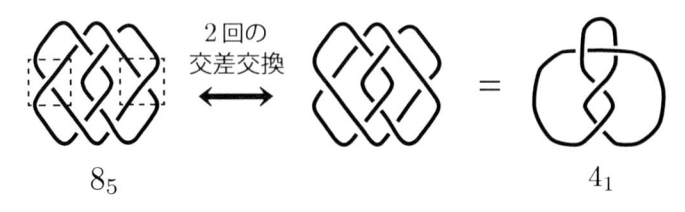

図 **3.22**

$d_G^\triangle(K_1, K_2)$ については次の性質が得られる.

命題 任意の結び目 K_1, K_2 に対して次が成り立つ.
(1) $d_G^\triangle(K_1, K_2) \geqq \dfrac{|\sigma(K_1) - \sigma(K_2)|}{2}$.
(2) $d_G^\triangle(K_1, K_2) \geqq |a_2(K_1) - a_2(K_2)|$.
(3) $d_G^\triangle(K_1, K_2) \equiv a_2(K_1) - a_2(K_2) \pmod{2}$.

例を挙げておく.

例 結び目 3_1 とその鏡像 3_1^* はそれぞれ $\triangle$ 変形を 1 回行うことによって自明な結び目に変形できる．また $a_2(3_1) = a_2(3_1^*) = 1$ であることから $d_G^\triangle(3_1, 3_1^*) \geqq 2$ である．したがって $d_G^\triangle(3_1, 3_1^*) = 2$ である.

変形についても $\sigma(K)$, $a_2(K)$ を用いて，次の命題が成り立つ．

命題 任意の結び目 K_1, K_2 に対して次が成り立つ．
(1) $d_G^\#(K_1, K_2) \geq \dfrac{|\sigma(K_1) - \sigma(K_2)|}{6}$.
(2) $d_G^\#(K_1, K_2) \equiv a_2(K_1) - a_2(K_2) \pmod{2}$.

パス変形は $a_2(K)$ の偶奇を変えないという性質を持っており，さらに次の定理が知られている．

定理（3章の文献[2] 参照）結び目 K が有限回のパス変形で自明な結び目に変形できる必要十分条件は $a_2(K) \equiv 0 \pmod{2}$ となることである．

結び目 K_1 と K_2 の連結和 $K_1 \# K_2$ について，加法性

$$a_2(K_1 \# K_2) = a_2(K_1) + a_2(K_1)$$

が成り立つ（付録 B 参照）．したがって，三葉結び目 3_1 が $a_2(3_1) = 1$ となることから，結び目 K が $a_2(K) \equiv 1 \pmod{2}$ となることは，$a_2(K \# 3_1) \equiv 0 \pmod{2}$ となることと同値である．その結果上記定理より，結び目 K が有限回のパス変形で三葉結び目に変形できるためには $a_2(K) \equiv 1 \pmod{2}$ となることが必要十分条件となる．こうして，すべての結び目は，有限回のパス変形で，自明な結び目に変形できるものと三葉結び目に変形できるものとの2種類に分けられ，それら2種類の結び目は有限回のパス変形では互いに変形できない．

3.3 領域交差交換

3.3.1 領域交差交換

ここでは主に結び目 K の射影図 P の補領域 $\mathbb{R}^2 - P$ を考える．P の交点の数を n とするとき，補領域 $\mathbb{R}^2 - P$ は $n+2$ 個の連結成分に分かれていることに注意する（4章の練習問題の問4参照）．K の結び目図式 D についても P の補領域に対応するようなものが自然に考えられ，この連結成分 $R_1, \ldots, R_{n+2}$ を

それぞれ結び目図式 D の領域という．領域 R が m 個の交差点と接しているとき，R は m 角形領域といい，m を R の頂点数という．

結び目図式 D に対して，領域交差交換という操作を次のように定める．D の 1 つの m 角形領域 R に接している交差点 $c_1, \ldots, c_m$ について，D から $c_1, \ldots, c_m$ で交差交換して得られる結び目図式を D' とする．このとき D' は D から R に関する領域交差交換を行って得られたという．

図 3.23 領域交差交換

1 角形領域に関する領域交差交換はライデマイスター移動 I であるので，結び目を変化させないことに注意する．したがって意味のある領域交差交換は $m \geqq 2$ の場合である．

3.3.2 局所変形と領域指数

これまでに定義してきた局所変形の内いくつかは領域交差交換に含まれていると考えることができる．頂点数が少ないものから考えていくと，2 角形領域に関する領域交差交換は領域の交差点の上下の付け方と弧の向きの付け方から，ライデマイスター移動 II, t_4 変形, $\overline{t_4}$ 変形に分けることができる．また Γ 変形

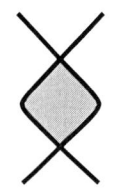

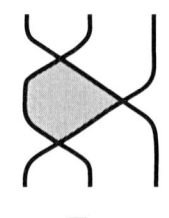

図 3.24

と γ 変形は 3 角形領域に関する領域交差交換になっていて，# 変形とパス変形は 4 角形領域に関する領域交差交換になっている．

このように領域交差交換は無限個の局所変形を含んでいる．この無限個の局所変形が持つ性質をとらえるために，まず「領域交差交換を行うことによって得られる結び目と元の結び目にどのような関係があるか？」という問題を考えるべきである．しかしながら，次の定理から，領域交差交換に何らかの制限を付けなければ，この問題があまり意味のないものであることがわかる．

定理（3 章の文献[1]参照）任意の結び目 K に対して，ある 1 つの領域で領域交差交換をして自明な結び目図式となるような K の結び目図式が存在する．

図 3.25 の結び目図式は，どの 1 つの領域で領域交差交換を行っても自明な結び目を表す結び目図式にはならないが，ライデマイスター移動を適当に用いることで，定理の主張をみたすような結び目図式に変形できる（練習問題の問 8 参照）．

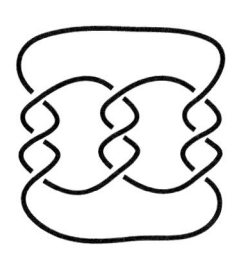

図 3.25

この定理から，すべての結び目は 1 回の領域交差交換で自明な結び目に変形されるような「特別な」結び目図式を持つことがわかる．この特別な結び目図式から，結び目の複雑さの度合いを量るような結び目の不変量が定義できる．結び目 K に対して，1 回の領域交差交換で自明な結び目の結び目図式に変形できる結び目図式 D と領域 R の対を考える．このような対は 1 つの結び目に対して一般に無限個存在するが，それらの領域 R の周囲にある頂点数の中で，最小の数を K の**領域指数**といい，$\mathrm{Reg}(K)$ と表す．ただし自明な結び目の領域

指数は 0 と定める．また 1 角形領域は常にライデマイスター変形で除くことができるので非自明な結び目については，領域指数は 2 以上となることに注意する．例えば，$\mathrm{Reg}(3_1) = 2$ である（図 3.23）．定義から直ちに次の不等式が成り立つ．

命題 任意の結び目 K に対して，$\mathrm{Reg}(K) \geqq u(K)$ が成り立つ．

特に，2 角形領域に関する領域交差交換は，ライデマイスター移動 II, t_4 変形，$\overline{t_4}$ 変形に分けることができるので，これらの局所変形の性質を組み合わせることで，次の命題を導くことができる．

命題 結び目 K に対して，$\sigma(K) = 0, a_2(K) \equiv 1 \pmod 2$ ならば，$\mathrm{Reg}(K) \geqq 3$ が成り立つ．

[証明] 1 回の t_4 変形または $\overline{t_4}$ 変形では自明な結び目には変形できないことを示せばよい．$\overline{t_4}$ 変形（パス変形）は $a_2(K)$ の偶奇を変えないことと，$a_2(K) \equiv 1 \pmod 2$ であることから，$\overline{t_4}$ 変形を用いて自明な結び目に変形することはできない．また t_4 変形（# 変形）は $\sigma(K)$ を必ず変化させることと，$\sigma(K) = 0$ であることより，1 回の t_4 変形では自明な結び目には変形できない． □

例を挙げておこう．

例 結び目 4_1 は，図 3.26 のように 3 角形領域交差交換で自明な結び目の結び目

図 3.26

図式に変形できる．また $\sigma(4_1) = 0$ かつ $a_2(4_1) = -1$ であるので，$\mathrm{Reg}(4_1) \geqq 3$ となることがわかる．したがって $\mathrm{Reg}(4_1) = 3$ である．

練習問題

問 1 Δ_1 変形は Δ_2 変形をちょうど 1 回だけ行って得られることを示せ．

問 2 交差交換，Δ 変形が図 3.27 の A 変形，B 変形を 1 回行うことによってそれぞれ得られることを示せ．

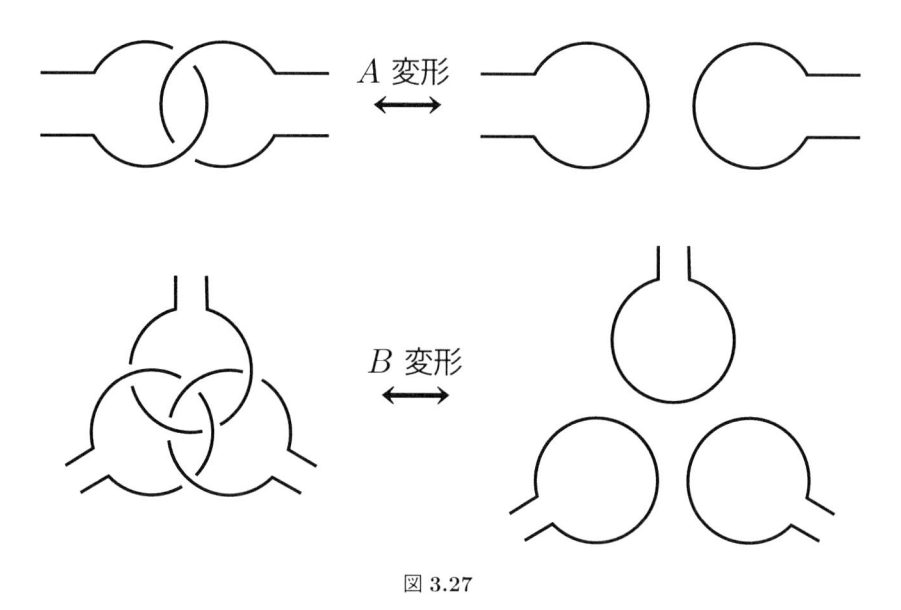

図 **3.27**

問 3 プレッツェル結び目 $K = P(5,1,4)$（付録 A 参照）について，$u(K) = 2$ であることを示せ．ただし $\sigma(K) = -4$ である．

問 4 $u(5_2)$，$u_\Delta(4_1)$，$u_\#(5_2)$ を求めよ．ただし $a_2(5_2) = 2$ である．

問 5 $u_\#(K_1 \# K_2) < u_\#(K_1) + u_\#(K_2)$ をみたす結び目 K_1, K_2 を見つけよ．ただし $K_1 \# K_2$ は K_1 と K_2 の連結和である（付録 A 参照）．

問 6 交差交換とパス変形について，結び目を元と異なる結び目に変化させないような具体例をそれぞれ挙げよ．

問 7 結び目 3_1, 4_1 について，$d_G^\triangle(3_1, 4_1)$, $d_G^\#(3_1, 4_1)$, $d_G^p(3_1, 4_1)$ を求めよ．

問 8 図 3.25 の結び目図式をライデマイスター移動を用いて，1 回の領域交差交換で自明な結び目になるような結び目図式に変形せよ．

問 9 ツイスト結び目 K_6（付録 A 参照）について，$\mathrm{Reg}(K_6)$ を求めよ．

4 領域交差交換

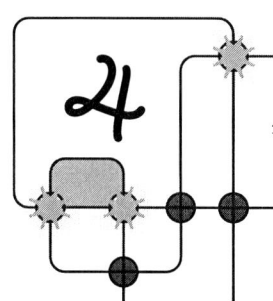

この章では領域交差交換について詳しく考えてみよう．

4.1 結び目図式における領域交差交換

3章で定義された領域交差交換とは，領域の周りのすべての交差点でいっせいに交差交換する変形のことであった．任意の結び目図式は，どの交差点に接する領域も図 4.1 のように白色と黒色に分かれるように領域の色を定めることができる．これを結び目図式のチェッカーボード彩色という．

図 4.1　チェッカーボード彩色

領域の黒色と白色を交換することで別のチェッカーボード彩色となる．実際に 1 つの結び目図式に対しては，ちょうど 2 つのチェッカーボード彩色が存在する．既約な結び目図式のときには，この黒色のまたは白色のすべての領域で領域交差交換をしても得られる結び目図式はもとの結び目図式とまったく同じものとなる．領域交差交換は一度にたくさんの交差を変えることのできる変形

であるが，小回りはどれぐらいきくのだろうか．次の定理が成り立つ．

定理 任意の結び目図式において，ライデマイスター移動を使わずに有限回の領域交差交換によって任意の交差点のみを交差交換することができる．

[証明] ここでは既約な結び目図式について示す．既約な結び目図式を D，その交差点を c とする．D における有限回の領域交差交換によって c のみの上下を，次のような方法で変えることができる．スプライスとは，図 4.2 のような，向きを保ったまま交差点をなくす局所変形のことであるが，交差点の上下に依らないので，ここでは上下関係を省略した図で表す．まず，D に適当に向きを与え，c でスプライスする．

図 4.2 スプライスによる変形

結び目図式を 1 回スプライスすると，2 成分絡み目の図式 D' を得る（演習問題の問 1）．そこで，D' の一方の成分だけに注目し，図 4.3 のようにチェッカーボード彩色をする．

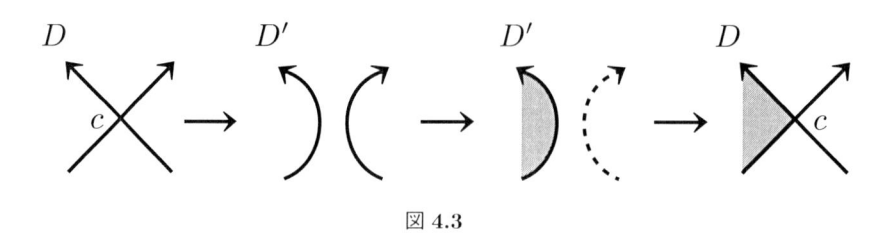

図 4.3

D' で黒色に塗られた領域を，もとの図式 D に対応させる．

このようにして得られた D のこれらの領域で，任意の順に領域交差交換を行う

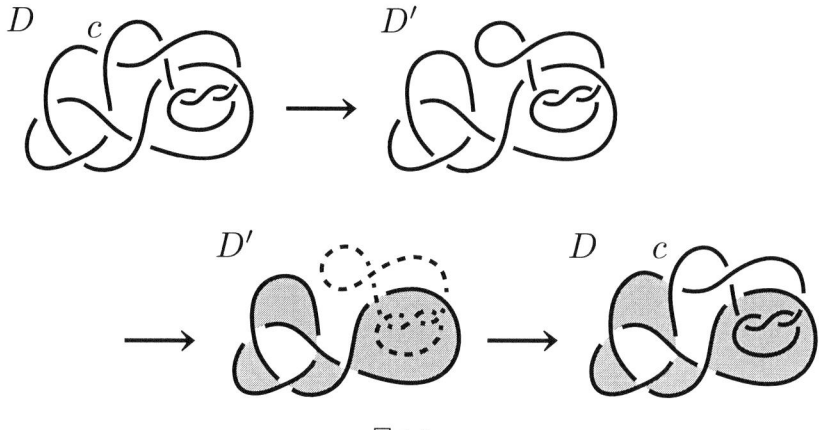

4.1 結び目図式における領域交差交換

図 4.4

と，c のみの上下が変わる．D' においてチェッカーボード彩色をした方の成分の，自己交差に対応する交差点ではチェッカーボード彩色により上下が変わらず，もう一方の成分の自己交差に対応する交差点も 0 回または 4 回交差交換されるため結果的に上下が変わらないからである．D' の自己交差でない交差に対応する交差点でも 2 回交差交換されて上下は変わらない．よって c のみの上下が変わるのである． □

注意 領域交差交換による交差交換の仕方は一意ではない．例えば，図 4.4 の結び目図式 D と交差点 c に対して，図 4.5 のような領域の選び方もある．

図 4.5

この定理と，交差交換が結び目解消操作であることから，次の系が成り立つ．

系 結び目図式における領域交差交換は結び目解消操作である.

つまり,与えられた任意の結び目図式に対して,有限回の領域交差交換のみで,自明な結び目を表す図式に変形することができるのである.例えば,図 4.4 の図式 D は,図 4.6 に示された領域で領域交差交換することによって,ほどくことができる.

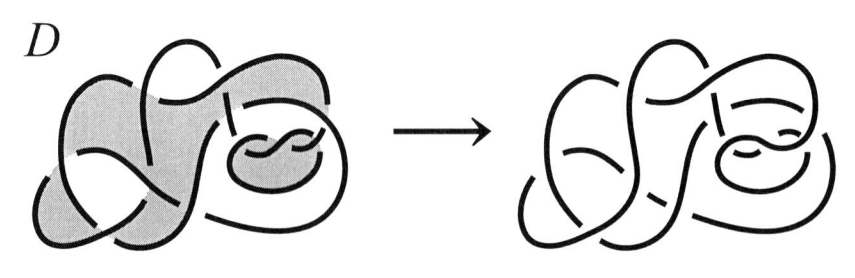

図 4.6

ここでも,解くための領域の選び方は一意ではないということに注意しよう.例えば図 4.7 の結び目図式において,黒色が塗られたどの 1 つの領域で領域交差交換しても自明な結び目の図式が得られる.

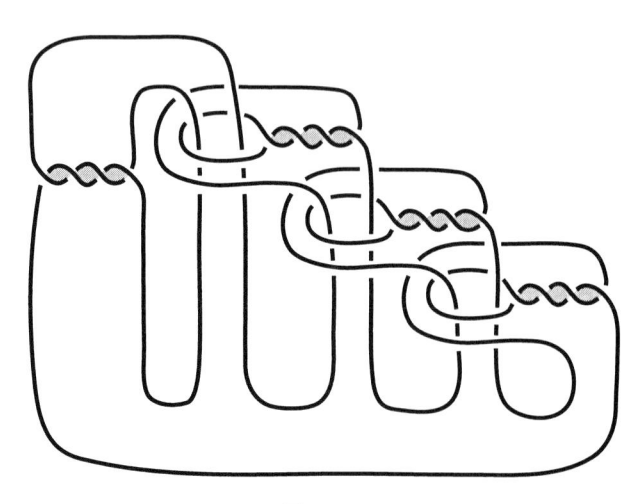

図 4.7

次の系も成り立つ.

系 既約な結び目図式において,図式の外側領域以外の領域における有限回の領域交差交換によって,任意の交差点のみを交差交換することができる.

4.2　領域結び目解消数

結び目図式における領域交差交換は結び目解消操作であった.そこで,領域結び目解消数を次のように定義する.結び目図式 D の領域結び目解消数とは,D から自明な結び目の図式を得るために必要な領域交差交換の最小回数であり,$u_R(D)$ と表記する.例えば図 4.8 において,$u_R(D) = 1, u_R(E) = 2$ である.

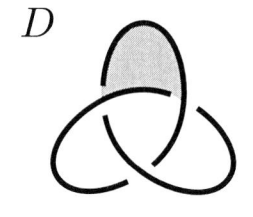

図 4.8

次の命題が成り立つ.

命題 既約な結び目図式 D の領域結び目解消数 $u_R(D)$ と交点数 $c(D)$ において,
$$u_R(D) \leqq \frac{c(D)}{2} + 1$$
が成り立つ.

[証明] 領域交差交換により,自明結び目を表す図式に変形するような領域の数を n とする.そのとき,選択した領域以外のすべての領域を選択すると,同じ自明結び目を表す図式が得られる.領域の数は全部で $c(D) + 2$ となる(練習

問題の問 4) ので，この選択した領域以外のすべての領域の数は $c(D)+2-n$ となる．n と $c(D)+2-n$ の小さい方は $\frac{c(D)}{2}+1$ 以下になる． □

同様の理由で次も成り立つ．

系 既約な結び目図式 D において，$\frac{c(D)}{2}+1$ 回以下の領域交差交換で，同じ結び目射影図を持つ任意の結び目図式に変形できる．

なお，図式によらない結び目不変量としての領域結び目解消数については 4 章の文献[2]を参照せよ．

4.3 絡み目図式における領域交差交換

次に，絡み目図式に対しても同様に領域交差交換を定義する．すなわち，絡み目図式のある領域での領域交差交換は，その領域の境界上のすべての交差点でいっせいに交差交換することである．ただしここでの交差点は，同一成分内の自己交差であっても，異なる成分同士の交差であってもよい．結び目図式においては，有限回の領域交差交換によって任意の交差点のみを交差交換することができた．絡み目についてはどうだろう．図 4.9 に示されたホップの絡み目の図式において，有限回の領域交差交換によって 1 つの交差点だけの上下を変えることはできない．どの領域で領域交差交換しても，一度に 2 つの交差点の上下が変わってしまうからである．

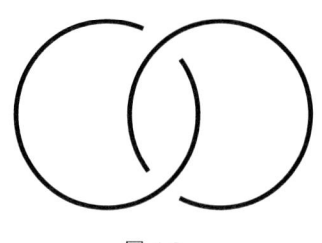

図 4.9

4.3 絡み目図式における領域交差交換

結び目図式における領域交差交換は結び目解消操作であった．すなわち，任意の結び目図式を，何回かの領域交差交換によって自明な結び目を表す図式に変形することができる．絡み目図式においては，次が成り立つ（練習問題の問 8）．

命題 任意の絡み目図式は，有限回の領域交差交換によって，いくつかのホップの絡み目の連結和，自明絡み目，あるいはそれらの連結和の図式に変形することができる．

プロパー絡み目とは，各結び目成分について，その結び目成分とその他の結び目成分との絡み数の総和がつねに偶数となるような絡み目のことである．

領域交差交換はその選択された領域の周囲にあるすべての交差点の符号を変化させることから，プロパー絡み目であるかどうかという性質は，領域交差交換によって変わらない性質であることがわかる．

ホップの絡み目の連結和，あるいはホップの絡み目の連結和にさらに自明絡み目を連結和したものはプロパー絡み目ではないので，上の命題から次の命題が得られる．

命題 絡み目図式を有限回の領域交差交換によって自明な絡み目に変形できるための必要十分条件は，その絡み目図式がプロパー絡み目の図式であることである．

この命題の直接的な証明については 4 章の文献[1]を参照せよ．例えば図 4.10 の絡み目図式はプロパー絡み目の図式であり，領域交差交換によって自明な絡み目を表す図式に変形できる．

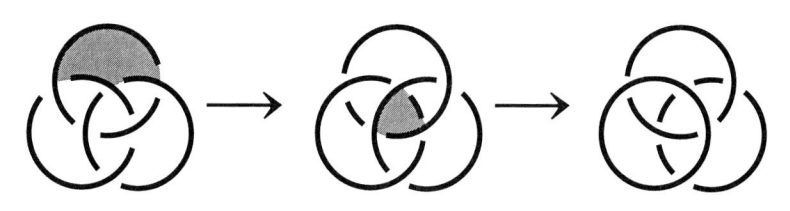

図 4.10

練習問題

問1 結び目図式をある交差点で1回スプライスすると2成分絡み目の図式となることを示せ.

問2 4.1節の定理の証明の方法によって, 図4.11の交差点 p を交差交換する領域を求めよ.

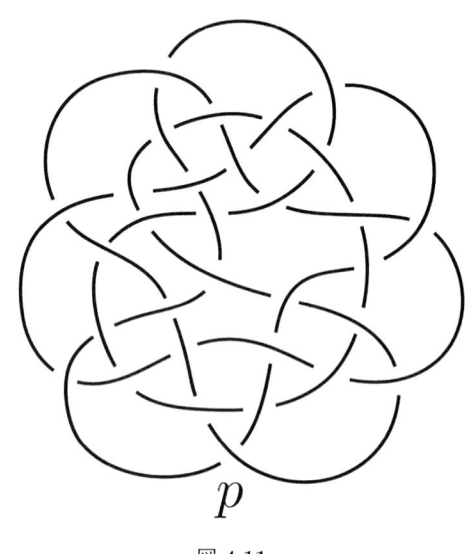

図 4.11

問3 可約な結び目図式においても4.1節の定理が成り立つことを示せ(ヒント:可約な交差点の数に関する数学的帰納法を使う).

問4 結び目図式 D の領域の個数は $c(D)+2$ であることを示せ.

問5 領域結び目解消数が1である結び目図式が無限個存在することを示せ.

問 6 任意の整数 n に対して，領域結び目解消数が n の結び目図式が存在することを示せ．

問 7 図 4.12 の結び目図式の交差点 p, q, および p と q を，それぞれ 5 回以下の領域交差交換によって交差交換せよ．

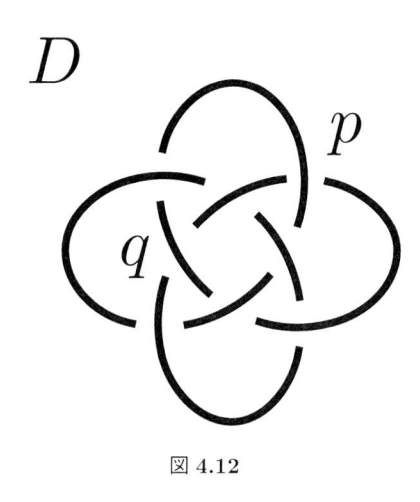

図 4.12

問 8 4.3 節の最初の命題を示せ．

5 領域選択ゲーム

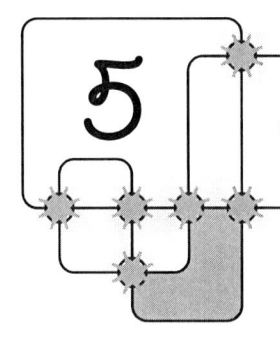

この章では，領域交差交換の性質を応用して作られた，結び目のゲームを紹介する．

5.1 領域選択ゲーム

5.1.1 領域選択ゲーム

ここでは結び目理論を使ったゲーム，領域選択ゲームを紹介する．まず，ランプ付き結び目射影図，すなわち図 5.1 のように，結び目射影図の各交点にランプがオンまたはオフの状態で置かれたものを用意する．

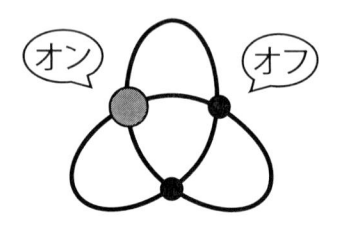

図 5.1

ここでランプ付き結び目射影図の領域を選択することによって，領域交差交換のようにその領域の境界上のランプのオン・オフが切り替わるというルールを導入する（図 5.2 参照）．4.1 節の定理より，有限回の領域交差交換によって任意のランプ付き結び目射影図の任意のランプのみのオン・オフを切り替える

ことができる．よってすべてのランプが点灯した状態にすることもできる．そこでできたのが領域選択ゲームである．すなわち領域選択ゲームとは，図 5.2 に示されているように，与えられたランプ付き結び目射影図に対して領域を選択していき，すべてのランプを点灯させることをゴールとするゲームである．どのようなランプ付き結び目射影図が与えられても必ずクリアできる．ここでは領域交差交換と同様の性質が成り立つ．同じ領域を 2 回選択するとそれらの操作は打ち消しあい，また領域を選択する順序は結果を左右しない．さらに，既約な結び目射影図においては，4.2 節の系から領域数の半分以下の領域の選択によってゲームを終了できる．

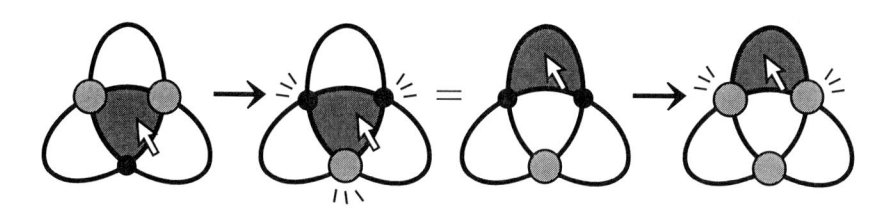

図 5.2

このゲームは 2011 年末に Android 搭載のスマートフォンのアプリにもなった（商品名は「Region Select」）．また，大阪市立大学数学研究所のホームページ[6]でもゲームで遊ぶことができる．

ランプ付き結び目射影図に向きと基点を与える．基点から向きに沿って射影図をたどっていきながら，ランプがオンの交点は上交差点に，オフの交点は下交差点に変えることによって，結び目図式を得る（図 5.3）．

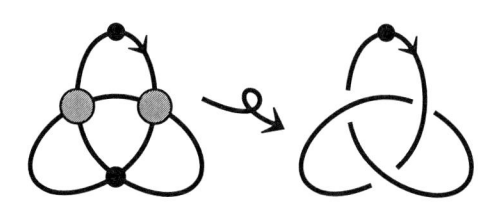

図 5.3

言い換えると，オフの交点のみがこの向きと基点に対するひずみ交差点とな

るように,すべての交点に上下の情報を与えているのである.すべてのランプがオンであるランプ付き結び目射影図からは単調な結び目図式を得る.つまり,領域選択ゲームとは,結び目図式を単調にする,あるいは結び目をほどくゲームであるともいえる.

5.1.2 領域選択ゲームの攻略法

領域選択ゲームは,直感的に遊ぶことにより図形的センスが磨かれることが期待されるゲームであり,幼児教育やリハビリにおける効果も期待される.その一方で数学的な解法を考えるのも興味深いものである.例えば,4.1 節の定理の証明で用いたアルゴリズムを繰り返すことによっても解を得ることができる.ここでは連立方程式を解くことによって解を見つける方法を紹介する.図 5.2 の左側に描かれたランプ付き結び目射影図の問題を例に挙げて説明する.

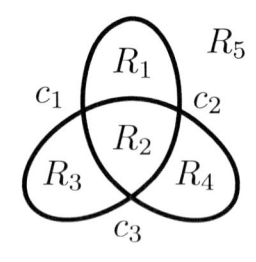

図 5.4

まず図 5.4 のように,結び目射影図の各交点と各領域にそれぞれ適当な順で $c_1, c_2, \ldots$, $R_1, R_2, \ldots$ と番号を与えて名前をつける.交点 c_1 と c_2 は変えずに c_3 のみのランプを変えるためには,R_1 から R_5 の領域のうちどの領域を選べばよいのか,という問題を考える.交点 c_1 の周りには領域 R_1, R_2, R_3, R_5 があり,交点 c_2 の周りには領域 R_1, R_2, R_4, R_5 が,交点 c_3 の周りには領域 R_2, R_3, R_4, R_5 がある.交点 c_3 のみのランプを変えるためには,

- R_1, R_2, R_3, R_5 から偶数個
- R_1, R_2, R_4, R_5 から偶数個
- R_2, R_3, R_4, R_5 から奇数個

の条件を満たすように領域を選べばよい．1つ目の条件と2つ目の条件から，R_3 と R_4 の選択される/されないは等しいことがわかる．さらに3つ目の条件から R_2 と R_5 の選択される/されないは異なることがわかる．これによって1つ目の条件（または2つ目の条件）から，R_1 と R_3 の選択される/されないは異なることがわかる．実際に，領域の組 $\{R_1, R_2\}$, $\{R_2, R_3, R_4\}$, $\{R_1, R_5\}$, $\{R_3, R_4, R_5\}$ はそれぞれ c_3 のみ変える領域の組である．別な方法として，領域 R_i に変数 x_i を対応させ，x_i は R_i を選択するときに値 1，選択しないときに値 0 をとることにする．そのとき，c_1 に隣接する領域は R_1, R_2, R_3, R_5 であるから，c_1 のランプが変わるかどうかは次の式の値でわかる：

$$x_1 + x_2 + x_3 + x_5$$

すなわち，この値が偶数ならば c_1 のランプは変わらず，奇数ならば c_1 のランプが変わる．したがって，c_3 のランプを変える領域を求めるには次の連立方程式

$$\begin{cases} x_1 + x_2 + x_3 + x_5 \equiv 0 \pmod{2} \\ x_1 + x_2 + x_4 + x_5 \equiv 0 \pmod{2} \\ x_2 + x_3 + x_4 + x_5 \equiv 1 \pmod{2} \end{cases}$$

を解くことで求めることができる．ここで $\equiv$ は 2 を法とした合同式の記号である．この解は，

$$(x_1, x_2, x_3, x_4, x_5) = (1, 1, 0, 0, 0), (0, 1, 1, 1, 0), (1, 0, 0, 0, 1), (0, 0, 1, 1, 1)$$

である．上の連立方程式を解くために拡大係数行列

$$\begin{pmatrix} 1 & 1 & 1 & 0 & 1 & 0 \\ 1 & 1 & 0 & 1 & 1 & 0 \\ 0 & 1 & 1 & 1 & 1 & 1 \end{pmatrix}$$

を考えてもよい．これによって，

$$\{R_1, R_2\}, \{R_2, R_3, R_4\}, \{R_1, R_5\}, \{R_3, R_4, R_5\}$$

の4通りの選び方以外に全点灯できる選び方が存在しないこともわかる．同じ領域を偶数回選択することは選択しないことと同じであり，奇数回選択することは1回選択することと同じである点に注意しよう．この連立方程式は，より

一般的に，

$$\begin{pmatrix} 1 \\ 1 \\ 0 \end{pmatrix} + \begin{pmatrix} 1 & 1 & 1 & 0 & 1 \\ 1 & 1 & 0 & 1 & 1 \\ 0 & 1 & 1 & 1 & 1 \end{pmatrix} \begin{pmatrix} x_1 \\ x_2 \\ x_3 \\ x_4 \\ x_5 \end{pmatrix} \equiv \begin{pmatrix} 1 \\ 1 \\ 1 \end{pmatrix} \pmod{2}$$

と書くことができる．ただし，初めの行列はランプの初期状態（c_i が点灯しているなら i 行目は 1，そうでないなら 0），2 つ目の行列は結び目射影図の形を表す行列（c_i が R_j の境界上にあるなら i 行 j 列成分は 1，そうでないなら 0），右辺の行列はランプをすべてオンにすることを表している．

5.2 関連したゲーム

ここでは領域選択ゲームに関連したゲームを紹介する．

5.2.1　n 色の領域選択ゲーム

領域選択ゲームでは，オン・オフの切り替えができるランプ付き結び目射影図を使っていた．これは 2 色のランプであるともいえる．これを，赤色，青色，黄色の順に切り替わる 3 色のランプ，さらには n 色のランプにも拡張してゲームができるということも証明されている（5 章の文献[1]を参照せよ）．ここでのポイントは，ランプが

$$\text{赤色} \to \text{青色} \to \text{黄色} \to \text{赤色} \to \text{青色} \to \ldots$$

あるいは

$$\text{色 1} \to \text{色 2} \to \text{色 3} \to \cdots \to \text{色 } n \to \text{色 1} \to \ldots$$

のように，巡回した順番に切り替わるということである．このゲームのゴールは，ランプをすべて（指定された，もしくはある）同じ色にすることである（図 5.5）．

5.2 関連したゲーム

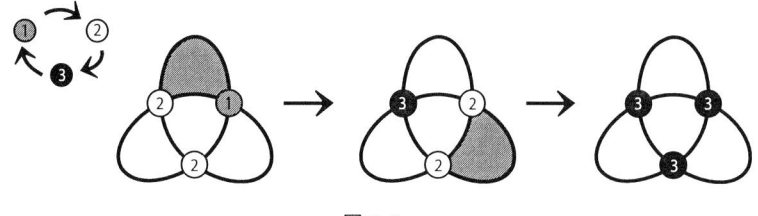

図 5.5

5.2.2 整数の領域選択ゲーム

領域選択ゲームは，さらに色の代わりに整数を用いても遊べるということも証明されている（5 章の文献[1]を参照せよ）．例えば図 5.6 において，各交点に $5, 2, -3$ の整数が与えられている．境界上に 5 と 2 の整数を持つ領域に，「-5 を作用させる」と，交点の整数はそれぞれ $0, -3$ と変化する．このようにして，例えばすべての交点の整数を 0 にするようなゲームを考えることができる．

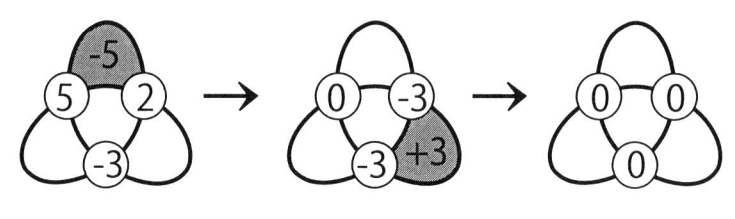

図 5.6

5.2.3 領域点灯ゲーム

結び目射影図の代わりにその双対グラフを用いると，領域選択ゲームと同値でありながら一味違ったゲーム，**領域点灯ゲーム**を楽しむことができる．まず，双対グラフを説明するために，ランプ付き結び目射影図をグラフ理論の見方で記述し直す．**平面グラフ**とは，平面上でいくつかの点（これを頂点という）を，交差しないように辺で結んでできるグラフのことである（p.3 も参照）．ランプ付き結び目射影図を，ランプを（オン・オフ関係なく）頂点として見る．ここで，平面グラフの双対グラフの作り方について説明する．まず結び目射影図の各領域に頂点をひとつずつとり，となりあった領域にある頂点同士を辺で結ぶ．ただし，各辺は結び目射影図の辺と 1 対 1 に対応するように結ぶ．このようにして得られたものが結び目射影図の**双対グラフ**である．

図 5.7

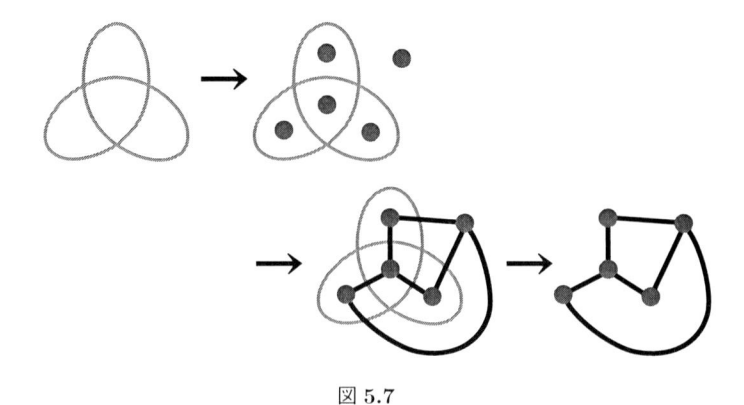

　構成方法から，結び目射影図の領域は双対グラフの頂点に対応し，辺は辺に，交点は領域に対応している．結び目射影図において領域を選択するとその周りの交点のランプの点灯状態が切り替わるという現象は，双対グラフにおいては，頂点を選択するとその周りの領域の点灯状態が切り替わるという現象になる．領域点灯ゲームとは，すなわち図 5.8 のように結び目射影図の双対グラフで領域が適当に点灯・消灯している状態に対して，頂点を選択していきすべての領域を点灯させるゲームである．

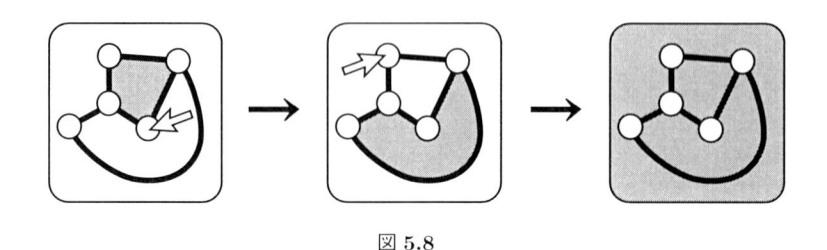

図 5.8

　この他にも領域の代わりに辺を選択する「弧選択ゲーム」[5]や，領域点灯ゲームを用いたスイッチングシステムなど，多くの関連ゲームや応用が提案されている．

練習問題

問 1 図 5.9 の領域選択ゲームを解け．

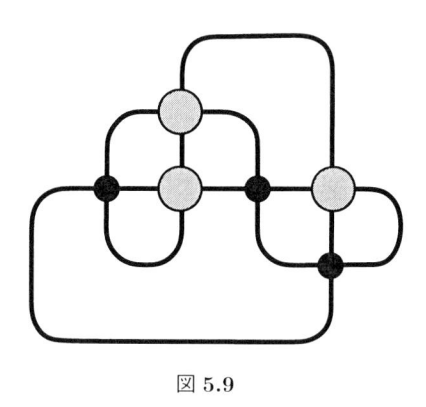

図 5.9

問 2 図 5.10 の領域選択ゲームを解くための最小手数を求めよ．

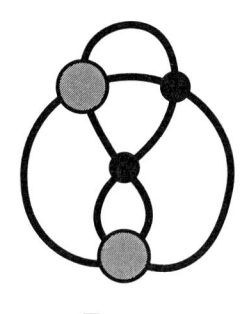

図 5.10

問 3 領域 R を選択せずに図 5.11 の領域選択ゲームを解け．

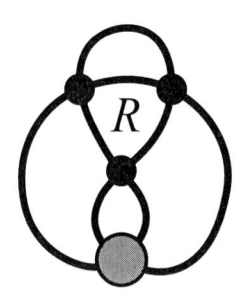

図 5.11

問 4 ちょうど 4 つの領域を選択して図 5.12 の領域選択ゲームを解け.

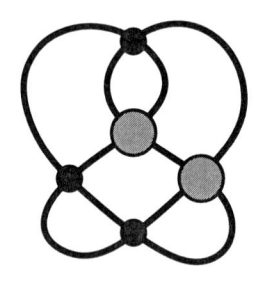

図 5.12

問 5 図 5.10 の結び目射影図の双対グラフを求めよ.

問 6 図 5.13 の双対グラフのもととなる結び目射影図を求めよ.

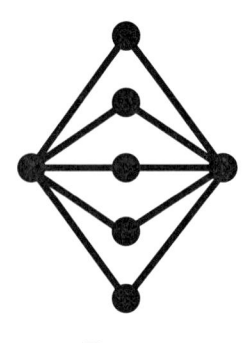

図 5.13

問 7 図 5.14 の領域点灯ゲームを解け.

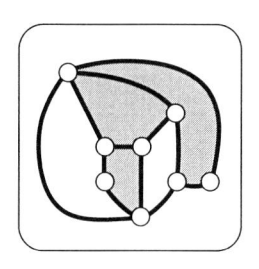

図 5.14

問 8 図 5.15 の領域点灯ゲームを解け（これは結び目射影図から得られる双対グラフではない）.

図 5.15

A 付録：いろいろな結び目

具体的な結び目の代表例として，2 橋結び目，トーラス結び目，プレッツェル結び目と呼ばれる類の結び目がある．ここではそれらを説明する．

A.1 2 橋絡み目

3 次元空間 $\mathbb{R}^3$ 内の結び目 K が 2 橋結び目であるというのは，K の図式をライデマイスター移動で変形した図式の中に，y 軸の正方向でとる極大点の個数の最小数が 2 となるようなものがあることである（図 A.1 参照）．

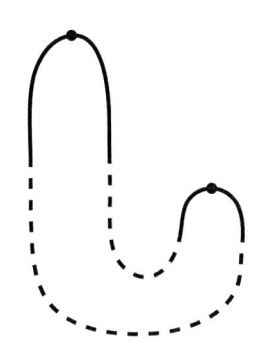

図 A.1 2 橋結び目図式

2 橋結び目 $C(a_1, a_2, \ldots, a_n)$ とは 0 でない整数の有限列 $a_1, a_2, \ldots, a_n$ に対して図 A.2 のように順にそれぞれ $a_1, a_2, \ldots, a_n$ 回の半ねじれ部分を持つ図式で表される結び目である．図 A.2 の結び目は 2 橋結び目 $C(2, 3, -2, -3)$ を表している．2 橋結び目では，半ねじれ部分が右側と左側では反対の符号をつけて読んでいることに注意しよう．また，任意の 0 でない整数列 $a_1, a_2, \ldots, a_n$

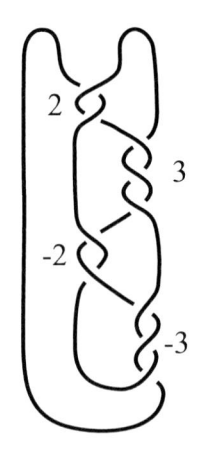

図 A.2 2橋結び目 $C(2, 3, -2, -3)$

をとるとき，このような図式は必ず結び目になるとは限らず，2成分の絡み目も生じることがある点にも注意しよう．

この 2 橋結び目あるいは絡み目 $C(a_1, a_2, \ldots, a_n)$ が結び目であることを確認するためには，その傾き $[a_1, a_2, \ldots, a_n]$ を定義する必要がある．それは，連分数を使って，数学的帰納法により次のように定義される：$[a_1] = \dfrac{1}{a_1}$ とおき，$[a_2, \ldots, a_n]$ が定義されているとき，

$$[a_1, a_2, \ldots, a_n] = \frac{1}{a_1 + [a_2, \ldots, a_n]}$$

とおく．ただし，$\dfrac{1}{0} = \infty$, $\dfrac{1}{\infty} = 0$ とおき，また任意の整数 a に対し $a + \infty = \infty$ と約束する．例えば，図 A.2 の 2 橋結び目の傾きは

$$[2, 3, -2, -3] = \frac{18}{43}$$

と計算される．

このとき，傾き $[a_1, a_2, \ldots, a_n]$ は有理数または ∞ となるが，2 橋結び目あるいは絡み目 $C(a_1, a_2, \ldots, a_n)$ が結び目であるためには，傾き $[a_1, a_2, \ldots, a_n]$ は整数か分母が奇数の有理数になることである．さらに，2 橋結び目 $C(a_1, a_2, \ldots, a_n)$ が 2 橋結び目 $C(b_1, b_2, \ldots, b_m)$ に同型であるための必要十分条件は，$[a_1, a_2, \ldots, a_n] = \dfrac{a}{p}$, $[b_1, b_2, \ldots, b_m] = \dfrac{b}{q}$ （ただし a, p および b, q

はそれぞれ互いに素な整数で，$p>0, q>0$ とする）とおくとき，$p=q$ であり，かつ合同 $a \equiv b \pmod{p}$ または $ab \equiv 1 \pmod{p}$ が成り立つことである．2 橋結び目の代表的な例としてツイスト結び目 $K_n = C(2,n)$ がよく知られる（図 A.3 参照）．$K_0 = K_{-1}$ は自明結び目，$K_2 = K_{-3}$ は 8 の字結び目である（p.78 練習問題の問 1 参照）．

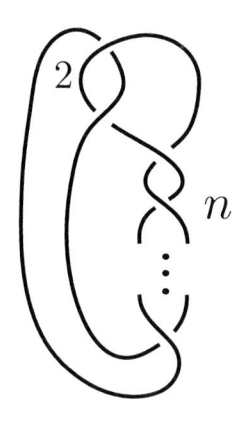

図 **A.3** ツイスト結び目 $K_n = C(2,n)$

A.2 トーラス結び目

複素数平面内の単位円 S^1 の 2 つのコピーの積であるトーラス $T = S^1 \times S^1$ を $\mathbb{R}^3$ 内に図 A.4 のように標準的においておく．互いに素な整数 a と b に対し，(a,b) 型トーラス結び目 $T(a,b)$ とは，写像

$$f: S^1 \to S^1 \times S^1 \subset \mathbb{R}^3, \quad f(z) = (z^a, z^b)$$

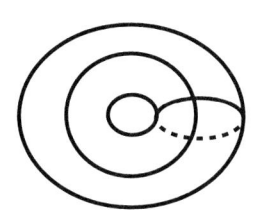

図 **A.4** トーラス

の像に同型な結び目のことである．この写像が 1 対 1 写像であることは次のようにしてわかる．$z, w \in S^1$ に対し，$(z^a, z^b) = (w^a, w^b)$，すなわち $z^a = w^a$，$z^b = w^b$ と仮定する．このとき，整数 a と b が互いに素であるから，$aa' + bb' = 1$ となる整数 a', b' が存在する．このとき，

$$z = z^{aa'+bb'} = (z^a)^{a'}(z^b)^{b'} = (w^a)^{a'}(w^b)^{b'} = w^{aa'+bb'} = w$$

となる．

例えば，$(2, 3)$ 型トーラス結び目 $T(2, 3)$ と $(3, 2)$ 型トーラス結び目 $T(3, 2)$ は図 A.5 のように表示されるが，それらは同じ結び目になる．もっと一般に，任意の互いに素な整数 a と b に対し，$T(a, b) = T(b, a)$ が成り立つ（p.78 練習問題の問 3 参照）．n 成分の (na, nb) 型トーラス絡み目というのもあるが，そ

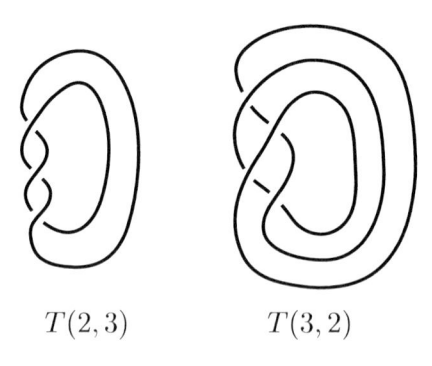

図 A.5 トーラス結び目

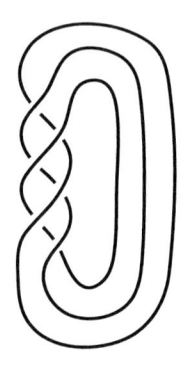

図 A.6 $(3, 3)$ 型トーラス絡み目

れはトーラス上におかれた (a,b) 型トーラス結び目 $T(a,b)$ を（向きを込めて）n 本平行にしたものである．例えば，$(3,3)$ 型トーラス絡み目は図 A.6 のように表示される．

A.3 プレッツェル結び目

0 でない整数列 $a_1, a_2, \ldots, a_m$ に対し図 A.7 のように示された図式を持つ結び目をプレッツェル結び目といい，$P(a_1, a_2, \ldots, a_m)$ で表す．ここで，a_i は交差点の個数が $|a_i|$ であるようなねじれを表わし，a_i の正負はねじれの向き（図のねじれの向きが正）を表わす．ただし，0 でない任意の整数列 $a_1, a_2, \ldots, a_m$ をとれば $P(a_1, a_2, \ldots, a_m)$ は絡み目になるので，結び目であるようにするために次の (1) または (2) のような条件を課す．

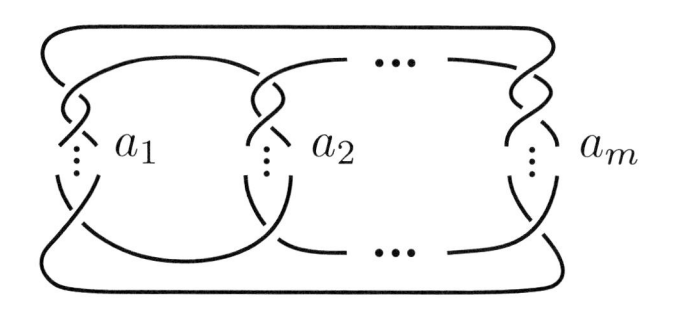

図 **A.7** プレッツェル結び目

(1) $a_1, a_2, \ldots, a_m$ および m がすべて奇数である（奇数型プレッツェル結び目という）．

(2) $a_1, a_2, \ldots, a_m$ のうちちょうど 1 つが偶数である（偶数型プレッツェル結び目という）．

2 橋結び目，絡み目，トーラス結び目，絡み目，プレッツェル結び目，絡み目を紹介したが，このような結び目，絡み目から図 A.8 で示されるような連結和という操作により，新しい結び目，絡み目を構成することができる．結び目（あるいは絡み目）L_1, L_2 の連結和を $L_1 \# L_2$ と表す．同型であるものを無視するとき，構成された結び目はつなぐ場所には依らないが，一般の絡み目では

つなぐために使う結び目成分の選択に依存する.

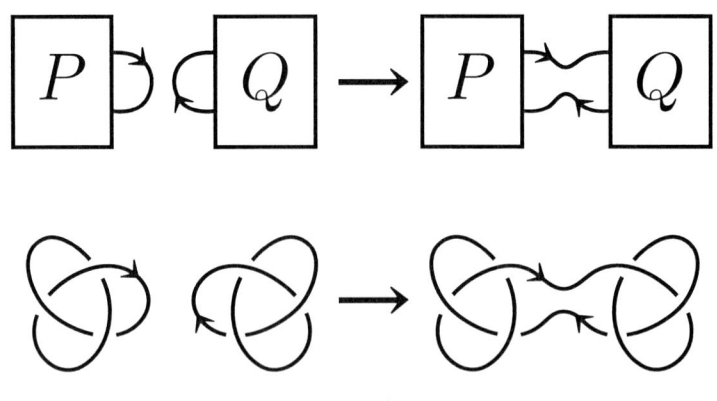

図 A.8 連結和

練習問題

問 1 図 A.3 のツイスト結び目 K_n $(n = \pm 1, \pm 2, \pm 3, \dots)$ の鏡像 K_n^* は K_{-n-1} に同型であることを示せ. 特に, $K_0 = K_{-1}$ は自明結び目, $K_2 = K_{-3}$ は 8 の字結び目であることを示せ. さらに, ツイスト結び目全体は, 鏡像であるものを無視すると, K_{2m-1} $(m = \pm 1, \pm 2, \pm 3, \dots)$ で表せることを示せ.

問 2 図 A.9 の 2 橋結び目を $C(a_1, a_2, \dots, a_n)$ の形に表し, 傾き $[a_1, a_2, \dots, a_n]$ を計算せよ.

問 3 トーラス結び目 $T(1, 3)$, $T(4, 1)$ は自明結び目であることを示せ.

問 4 トーラス結び目 $T(3, 4)$ と $T(4, 3)$ の図を描いてみよ.

問 5 トーラス結び目 $T(3, 4)$ と $T(4, 3)$ は同じ結び目であることを示せ.

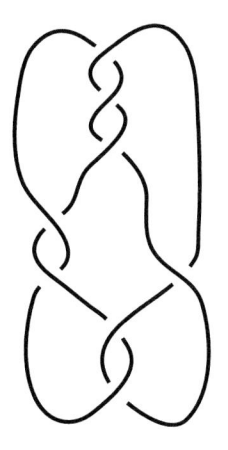

図 A.9　2 橋結び目

問 6　$P(a_1, a_2, \ldots, a_m)$ がプレッツェル結び目であるためには，整数列 $a_1, a_2, \ldots, a_m$ および m がすべて奇数であるか，または $a_1, a_2, \ldots, a_m$ のうちちょうど 1 つが偶数であることが必要十分であることを示せ．

問 7　プレッツェル結び目 $P(3, 5, -7)$ と $P(2, 3, 5, -7)$ の図を描いてみよ．

問 8　プレッツェル結び目 $P(3, -1, -2, 3, 1)$ と $P(3, -2, 3)$ は同じ結び目であることを示せ．

問 9　プレッツェル結び目 $P(3, 7, -2, 7)$ と $P(-2, 7, 3, 7)$ は同じ結び目であることを示せ．

B 付録：結び目の位相不変量

結び目や絡み目の図式が与えられているときに，その図式から計算される量で，その図式のライデマイスター移動 I, II, III で不変になるようなものを結び目や絡み目の位相不変量という．このとき，いろいろな結び目や絡み目の位相不変量が知られているが，ここではコンウェイ多項式とジョーンズ多項式，また結び目の符号数不変量を紹介する．

B.1 コンウェイ多項式

未知数 x の関数 $f(x)$ が，実数 $a_0, a_1, a_2, \ldots, a_n$ を使って

$$f(x) = a_0 + a_1 x + \cdots + a_n x^n$$

と表されているとき，$f(x)$ を x の多項式という．$a_0 a_n \neq 0$ のときには $f(x)$ を**定数項が 0 でない次数 n の多項式**という．一般に，ある自然数 m についての積 $x^m f(x)$ が定数項が 0 でない次数 n の x の多項式になるならば，$f(x)$ を x のローラン多項式という．未知数の数を多くした場合でも変数ごとに同様な意味づけを行うことにより，多項式あるいはローラン多項式の言葉が使われている．特に 1 変数多項式あるいはローラン多項式 $f(x)$ については，ある整数 m についての積 $x^m f(x)$ が定数項が 0 でない次数 n の多項式ならば，その多項式あるいはローラン多項式 $f(x)$ は幅 n を持つといい，$\mathrm{span} f(x) = n$ で表す．

結び目図式あるいは絡み目図式 D において，1 つの交差点 p に注目して考えるとき，p の符号が $+1$ あるいは -1 に従って，D を D_+ あるいは D_- で表す．そのとき，図式 $D_\pm$ は交差交換により図式 $D_\mp$ に変わることに注意しよう．また，p でのスプライスにより D から得られる図式を D_0 で表すとき，結

B.1 コンウェイ多項式

び目図式あるいは絡み目図式の 3 対 (D_+, D_-, D_0) をスケイン・トリプルという（図 B.1 参照）.

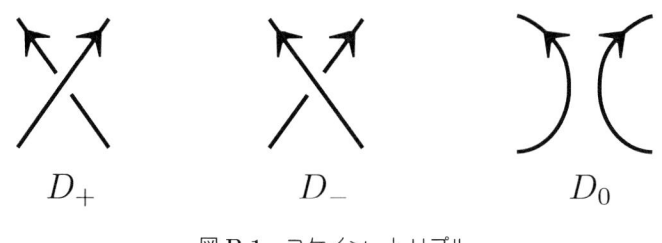

図 **B.1** スケイン・トリプル

定義 結び目あるいは絡み目 L のコンウェイ多項式 $\nabla(L; z)$ とは，L の図式 D によって決まる未知数 z の多項式 $\nabla(D; z)$ で，次の性質 ($\nabla 0$) – ($\nabla 2$) をみたしているようなもののことである.
($\nabla 0$) $\nabla(D; z)$ は D のライデマイスター移動 I, II, III で不変である.
($\nabla 1$) D が自明結び目図式ならば，$\nabla(D; z) = 1$.
($\nabla 2$) 任意のスケイン・トリプル D_+, D_-, D_0 に対し，

$$\nabla(D_+; z) - \nabla(D_-; z) = z\nabla(D_0; z).$$

結び目あるいは絡み目 L のコンウェイ多項式 $\nabla(L; z)$ は，定義の ($\nabla 0$) – ($\nabla 2$) だけを用いて計算できる．コンウェイ多項式の簡単な場合の計算は次のようになる.

計算例
（**1**）（自明絡み目）自明結び目の図式 D を図 B.2 の D_+ のように考えるとき，D_- も自明結び目の図式であり，D_0 は 2 成分の自明絡み目 O^2 の図式となる.

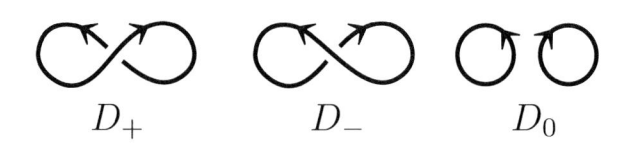

図 **B.2** 自明結び目図式のスケイン・トリプル

したがって，
$$z\nabla(O^2;z) = z\nabla(D_0;z) = \nabla(D_+;z) - \nabla(D_-;z) = 1 - 1 = 0$$
となり，
$$\nabla(O^2;z) = 0$$
と計算される．$n(>2)$ 成分の自明絡み目 O^n についても，同様な計算で $\nabla(O^n;z) = 0$ となることがわかる．

(**2**)（ホップの絡み目）図 B.3 の正のホップの絡み目 $H(+)$ の図式 D は 2 つの交差点のどちらでもよいが，それに注目して D_+ とみなすとき，D_- は 2 成分の自明絡み目で，D_0 は自明結び目である．したがって，
$$\nabla(H(+);z) = \nabla(D_+;z) = z\nabla(D_0;z) + \nabla(D_-;z) = z$$
となり，
$$\nabla(H(+);z) = z$$
と計算される．図 B.3 の負のホップの絡み目 $H(-)$ の図式 D は 2 つの交差点のどちらでもよいが，それに注目して D_- とみなすとき，D_+ は 2 成分の自明絡み目で，D_0 は自明結び目である．したがって，
$$\nabla(H(-);z) = \nabla(D_+;z) = -z\nabla(D_0;z) + \nabla(D_+;z) = -z$$
となり，
$$\nabla(H(-);z) = -z$$
と計算される．

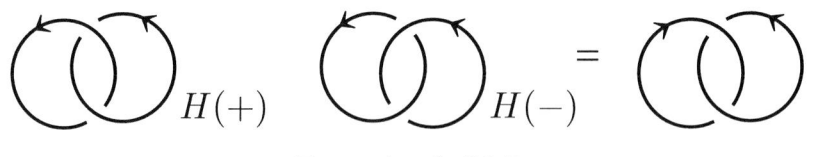

図 B.3 ホップの絡み目

(**3**)（三葉結び目）図 B.4 の正の三葉結び目 $K(+)$ の図式 D は 3 つの交差点のどれでもよいが，それに注目して D_+ とみなすとき，D_- は自明結び目で，D_0

は正のホップの絡み目 $H(+)$ である．したがって，

$$\nabla(K(+);z) = \nabla(D_+;z) = z\nabla(D_0;z) + \nabla(D_-;z) = z^2 + 1$$

となり，

$$\nabla(K(+);z) = 1 + z^2$$

と計算される．図 B.4 の負の三葉結び目 $K(-)$ の図式 D は 3 つの交差点のどれでもよいが，それに注目して D_- とみなすとき，D_+ は自明結び目で，D_0 は負のホップの絡み目 $H(-)$ である．したがって，

$$\nabla(K(-);z) = \nabla(D_-;z) = -z\nabla(D_0;z) + \nabla(D_-;z) = z^2 + 1$$

となり，

$$\nabla(K(+);z) = 1 + z^2 = \nabla(K(-);z)$$

と計算される．$K(+)$ と $K(-)$ は実際には異なる結び目であるが，コンウェイ多項式では区別できないことがわかる．

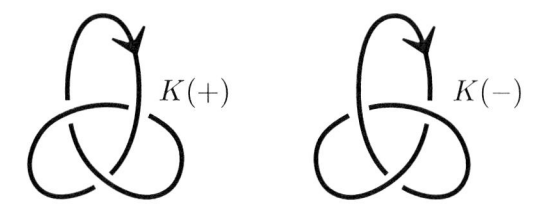

図 B.4 三葉結び目

(4)（8 の字結び目）図 B.5 の 8 の字結び目 K の図式 D には正交差点 2 つと負の交差点 2 つがあるが，正の交差点に注目して D_+ とみなすとき，D_- は自明結び目で，D_0 は負のホップの絡み目 $H(-)$ である．したがって，

$$\nabla(K(+);z) = \nabla(D_+;z) = z\nabla(D_0;z) + \nabla(D_-;z) = -z^2 + 1$$

となり，

$$\nabla(K(+);z) = 1 - z^2$$

と計算される．8 の字結び目 K の鏡像もまた同じ 8 の字結び目になる（1 章練

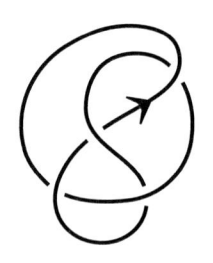

図 B.5　8の字結び目

習問題問 7) ので，ホップの絡み目や三葉結び目の場合と異なり，8の字結び目には正や負の結び目の概念がない．

ホップの絡み目 $H(+)$ と $H(-)$ は互いに鏡像の関係にあるので，上の例でみたようにコンウェイ多項式は一般の絡み目ではその鏡像をとると異なるものになるが，結び目の場合には鏡像をとってもコンウェイ多項式は不変であることが知られている（例えば，1章の文献[2]）を参照）．

結び目 K のコンウェイ多項式は，次のような形をとることが知られている．

$$\nabla(K;z) = 1 + a_2 z^2 + a_4 z^4 + \cdots + a_{2n} z^{2n}$$

ここで $a_2, a_4, \ldots, a_{2n}$ は整数である．また，絡み目 L_1, L_2 の連結和 $L_1 \# L_2$（付録 A 参照）のコンウェイ多項式について，次の等式が成り立つことも知られている．

$$\nabla(L_1 \# L_2; z) = \nabla(L_1) \cdot \nabla(L_2)$$

特に，結び目 K のコンウェイ多項式 $\nabla(K;z)$ の 2 次の係数を $a_2(K)$ で表すとき，結び目 K_1 と K_2 の連結和 $K_1 \# K_2$ のコンウェイ多項式の 2 次の係数について，次の加法性が成り立つ．

$$a_2(K_1 \# K_2) = a_2(K_1) + a_2(K_2)$$

B.2　ジョーンズ多項式

結び目図式または絡み目図式 D に対し，その向きを忘れたものを U で表す．

A スプライス　　　B スプライス

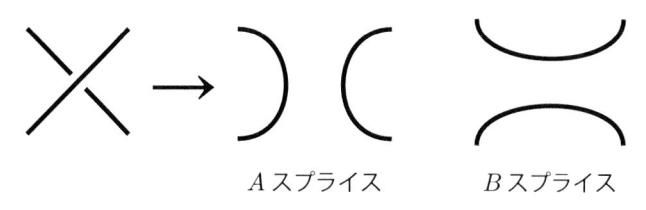

図 B.6　A スプライスと B スプライス

U の交差点 p でのスプライスには，図 B.6 に示されているように，**A スプライス**，**B スプライス**と呼ばれる 2 種類のスプライスが考えられる．U から A スプライス，B スプライスにより得られた図式を U_A, U_B で表す．交差点 p での変形であることを強調するときには，それらををそれぞれ U_A^p, U_B^p のように表すことにする．図式 U の交点数を n としよう．U の各交差点に A スプライスまたは B スプライスを施していくと，いくつかの交差点を持たないループからなる図式が，ちょうど 2^n 個構成される．このような図式は U のステイトと呼ばれている．U のステイト s を考える．U から s を得るために，p 回の A スプライスと q 回の B スプライスが施されたとする．

$$p+q=n, \quad p \geqq 0, \quad q \geqq 0$$

となることに注意しよう．このとき，

$$\langle U/s \rangle = A^p B^q$$

と表すことにする．また，$|s|$ により，ステイト s 内の（交差点を持たない）ループの数を表すことにするとき，以下の議論では，未知数 δ を $|s|-1$ 個かけた式 $\delta^{|s|-1}$ も必要となってくる．U のすべてのステイトを $s_i (i=1,2,\ldots,2^n)$ で表すとき，次のように定義される未知数 A, B, δ の多項式 $\langle U \rangle$ を図式 U のカウフマンのブラケット多項式または単にブラケット多項式という．

定義

$$\langle U \rangle = \sum_{i=1}^{2^n} \langle U/s_i \rangle \delta^{|s_i|-1}$$

1 つ例を挙げておこう．

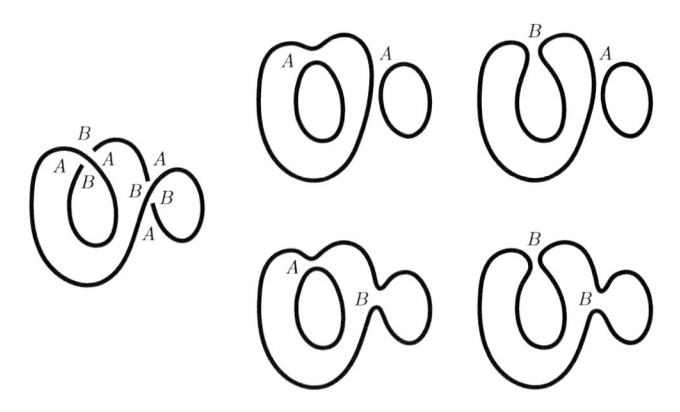

図 **B.7**　2 つの交差点を持つ結び目図式とそのステイト

例　図 B.7 の交点数 2 の結び目図式 U の各ステイトには，A スプライスと B スプライスがどのように施されたかも示されている．よって U のブラケット多項式 $\langle U \rangle$ は

$$\langle U \rangle = A^2 \delta^2 + 2AB\delta + B^2$$

と計算される．

次の命題は，定義の意味をよく考えれば直接わかることである．

命題　U を交点数 n の絡み目図式とする．
(1)　$n = 0$ のときには，$\langle U \rangle = \delta^{r-1}$ となる．ただし，r は U 内の自明なループの個数を表す．
(2)　$n > 0$ のときには，図式 U の交差点 p に対し，

$$\langle U \rangle = A \langle U_A^p \rangle + B \langle U_B^p \rangle$$

が成り立つ．
(3)　交わらない 2 つの図式 U, U' の和 $U + U'$ を連結でない図式というが，そのような図式 $U + U'$ に対し和公式

$$\langle U + U' \rangle = \delta \langle U \rangle \cdot \langle U' \rangle$$

が成り立つ．特に，U とは交わらない交差点を持たない自明結び目図式 O に対し次が成り立つ．
$$\langle O + U \rangle = \delta \langle U \rangle.$$
(4) 次の等式が成り立つ．ただし，この等式において，図式の描かれていない部分には同一の任意の図式があるものと考えている．

$$\langle \asymp \rangle = AB \langle)(\rangle + (A^2 + AB\delta + B^2) \langle \approx \rangle$$

この命題の (4) において
$$AB = 1, \quad A^2 + \delta AB + B^2 = 0$$
とおけば，ブラケット多項式 $\langle U \rangle$ は (向きを忘れた) ライデマイスター移動 II で不変になる．したがって，以後は A を未知数として
$$B = A^{-1} = \frac{1}{A}, \quad \delta = -(A^2 + A^{-2}) = -A^2 + \frac{-1}{A^2}$$
のようにおいて，議論をすすめる．このとき，ブラケット多項式 $\langle U \rangle$ は未知数 A のローラン多項式になる．

例えば，U が図 B.7 に示された結び目図式の場合には，
$$\langle U \rangle = A^6$$
となる．次の命題で示すように，A のローラン多項式であるブラケット多項式 $\langle U \rangle$ は (向きを忘れた) ライデマイスター移動 III でも不変となることがわかる：

命題 等式

$$\langle \text{図} \rangle = \langle \text{図} \rangle$$

が成り立つ．ただし，この等式において，図式の描かれていない部分には同一の任意の図式があるものと考えている．

ブラケット多項式を利用するとき，ジョーンズ多項式 $V(D; A)$ は次のように定義される．絡み目図式 D のねじれ数 $w(D)$ を考えるとき，次の等式は図

の向きの付き方に依らずに成り立つ．

$$w(\text{⟲}) = w(\ \ ) + 1, \quad w(\text{⟳}) = w(\ \ ) - 1$$

したがって，絡み目 L の図式 D とその向きを忘れた図式 $U = U(D)$ に対し，A 上のローラン多項式 $V(D; A)$ を

$$V(D; A) = (-A)^{-3w(D)} \langle U \rangle$$

により定義するとき，このローラン多項式 $V(D; A)$ は絡み目 L の不変量であり，それを L のジョーンズ多項式といい，$V(L; A)$ で表す．習慣上，

$$t^{1/2} = A^{-2}$$

のような変数変換を行って，$V(L; A)$ から得られる変数 $t^{1/2}$ 上のローラン多項式 $V_L(t)$ を絡み目 L のジョーンズ多項式と呼んでいるが，ここでは $V(L; A)$ を L のジョーンズ多項式と呼ぶことにする．

絡み目図式 D のジョーンズ多項式 $V(D; A)$ は，次の (0)～(2) の性質をみたし，かつそれらだけを用いて計算できる．

(0)　$V(D; A)$ は D のライデマイスター移動 I, II, III のもとで不変である．
(1)　D が自明結び目図式ならば，$V(D; A) = 1$．
(2)　絡み目図式のスケイントリプル (D_+, D_-, D_0) に対し，

$$A^4 V(D_+; A) - A^{-4} V(D_-; A) = (A^{-2} - A^2) V(D_0; A)$$

ジョーンズ多項式　$V(D; A)$ の簡単な場合の計算は次のようになる．

計算例
（1）（自明絡み目） r 成分自明絡み目 O^r について，(0), (1), (2) から

$$V(O^r; A) = (-A^2 - A^{-2})^{r-1}$$

B.2 ジョーンズ多項式

と計算される.

(**2**)（ホップの絡み目）ホップの絡み目 $H(+)$, $H(-)$（図 B.3）について,
$$V(H^+; A) = -A^{-6}(A^4 + A^{-4}),$$
$$V(H^-; A) = -A^6(A^4 + A^{-4})$$
となる.

(**3**)（三葉結び目）三葉結び目 $K(+)$, $K(-)$（図 B.4）については, $t = A^{-4}$ とおくと, $V(K(+); A) = t + t^3 - t^4$, $V(K(-); A) = t^{-1} + t^{-3} - t^{-4}$ と計算される. したがって, このことから, $K(+) \neq K(-)$ であることがわかる.

(**4**)（8 の字結び目）8 の字結び目 K については, $t = A^{-4}$ とおくと, $V(K; A) = t^{-2} - t^{-1} + 1 - t + t^2$ と計算される.

一般に結び目 K の鏡像 K^* については $V(K^*; A) = V(K; A^{-1})$ が成り立ち, またこの値は K の向きを反対にしても不変となることが知られている（例えば, 1 章の文献[2]を参照）. 絡み目 L_1 と L_2 の連結和 $L_1 \# L_2$（付録 A 参照）のジョーンズ多項式について, 次の等式が成り立つことも知られている.
$$V(L_1 \# L_2; A) = V(L_1; A) \cdot V(L_2; A)$$
自明でないような結び目 K に対しては, 必ず $V(K; A) \neq 1$ となるのではないかと予想されているが, 今までのところ証明されていない.

さて, 交代絡み目のジョーンズ多項式に関する結果を紹介しよう. これはジョーンズ多項式の応用として最も成功しているものの 1 つである. 交代絡み

可約交代図式　　　　既約交代図式

図 **B.8**　可約交代図式と既約交代図式

目とは交代図式を持つような絡み目のことである．例えば，図 B.8 には可約交代図式と既約交代図式が描かれている．次の定理を村杉の定理という．

定理 連結な絡み目図式 D に対し，$\mathrm{span}V(D;A) \leqq 4c(D)$ が成り立つ．特に，D が連結な既約交代絡み目図式のときには，等号が成り立つ．

この定理を使うと，いくらでも複雑な結び目，絡み目を描くことができる．例えば，図 B.9 の結び目は交点数が 35 の既約交代結び目図式を表しているが，この結び目をライデマイスター移動でどのように変形したとしても，その図式の交点数を 35 より小さくできない．

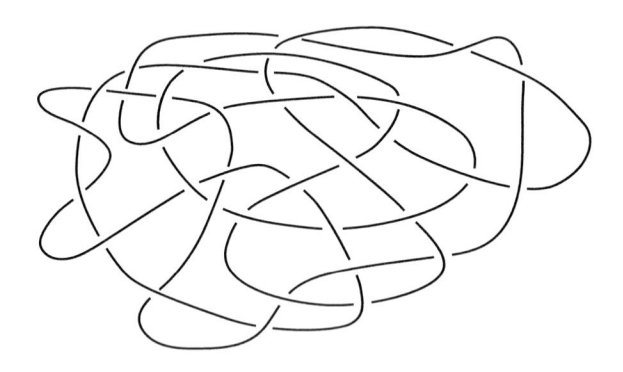

図 B.9 交点数 35 の既約交代結び目

B.3 符号数不変量

この節では，符号数不変量の概要を説明する．詳細は 1 章の文献[2]などを参照されたい．結び目 K が与えられると，それは必ず 3 次元空間 $\mathbb{R}^3$ 内に埋め込まれた向き付け可能連結曲面（ザイフェルト曲面という）F の境界になる．結び目 K の図式 D が与えられると，ザイフェルトのアルゴリズムによる標準的な構成法が知られている．この曲面 F は向き付け可能閉曲面 S から 1 つの円板の内部を取り除いたものである．したがって，S が種数 g $(g \geqq 0)$ を持つな

B.3 符号数不変量

らば，F には向き付けられた単純ループの族 ℓ_i ($i = 1, 2, \ldots, 2g$) で，次の条件 (1)〜(4) を満たすようなものを見つけることができる: すなわち,

(1) すべての $i, j \leqq g$ で，$\ell_i \cap \ell_j = \ell_{g+i} \cap \ell_{g+j} = \emptyset$.
(2) $i \neq j$ となるようなすべての $i, j \leqq g$ で，$\ell_i \cap \ell_{g+j} = \emptyset$.
(3) 各 i について，ℓ_i と ℓ_{g+i} は横断的に 1 点のみで交わる.
(4) F を ℓ_i ($i = 1, 2, \ldots, g$) でカットすると，境界に $2g+1$ 個のループを持つような種数 0 の曲面 (つまり，境界に $2g+1$ 個のループを持つような平面に埋め込み可能な曲面) が得られる.

このような単純ループの族 ℓ_i ($i = 1, 2, \ldots, 2g$) をザイフェルト曲面 $\boldsymbol{F}$ の骨組みという.

いま，結び目 K に向きを付けると，ザイフェルト曲面 F にも向きが指定されるので，その向きにより ℓ_i を F の上方向へ押し出すことができる．それを ℓ_i^+ で表すことにすれば，このループはもはや ℓ_i ($i = 1, 2, \ldots, 2g$) とは交差しない．そのとき，絡み数 $v_{ij} = \mathrm{Link}(\ell_i^+, \ell_j)$ を (i, j) 成分とするようなサイズ $2g$ の正方行列 $V = (v_{ij})$ を構成できる．この行列を結び目 K のザイフェルト行列という．実対称行列 W の符号数 $\sigma(W)$ とは次のように定義される．すなわち，$P^T W P$ が対角行列となるような実正則行列 P が存在するが，その対角行列において，正の数の個数を p，負の数の個数を q とするとき，

$$\sigma(W) = p - q$$

で定義する．線形代数の標準的な議論によれば，この値は正則行列 P のとり方に依らないことが知られている.

定義 結び目 K の符号数 $\sigma(K)$ とは，K のザイフェルト行列 V とその転置 V^T から構成された対称行列 $V + V^T$ の符号数 $\sigma(V + V^T)$ のことである.

結び目の符号数の重要な性質を述べておこう.

(1) $\sigma(K)$ は，ザイフェルト曲面 F の骨組みの選択に依らないばかりでなく，ザイフェルト曲面 F 自体の選択に依らない．

(2) K の向きを逆にすると，ザイフェルト行列は元の V から V^T へと変わるだけなので，符号数 $\sigma(K)$ は K の向き付けにも依らない．

(3) 行列式 $\det(V - V^T) = \pm 1$ となることから，$\det(V + V^T) \neq 0$ がわかり，K の符号数 $\sigma(K)$ はつねに偶数の値をとる．

(4) K の鏡像 K^* のザイフェルト行列は，元の V から $-V^T$ へと変わるだけなので，$\sigma(K^*) = -\sigma(K)$ が成り立つ．特に，K がもろて型ならば，$\sigma(K) = 0$ となる．

(5) 結び目 K_1 と K_2 の連結和 $K_1 \# K_2$ の符号数については，加法性

$$\sigma(K_1 \# K_2) = \sigma(K_1) + \sigma(K_2)$$

が成り立つ．

例えば，三葉結び目 $K(-)$ (図 B.4) は，図 B.10 のような種数 1 のザイフェルト曲面 F を持ち，その骨組み ℓ_1, ℓ_2 を図 B.11 のようにとることができる．したがって，三葉結び目 $K(-)$ のザイフェルト行列として次のような行列 V が

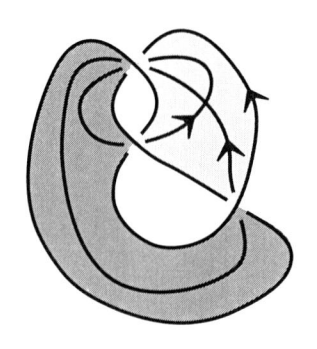

図 B.10 三葉結び目のザイフェルト曲面

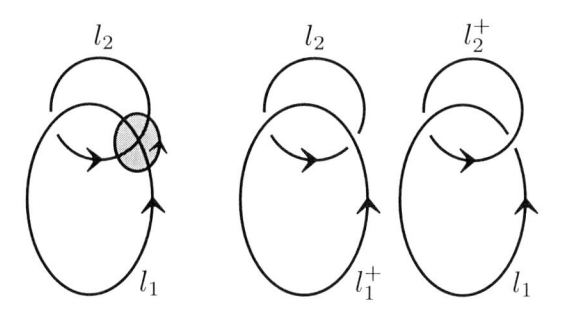

図 B.11　三葉結び目のザイフェルト曲面の骨組みと絡み目

とれる．それゆえに，$\sigma(K(-)) = +2$ となる．

$$V = \begin{pmatrix} 1 & 1 \\ 0 & 1 \end{pmatrix}$$

練習問題

問 1　ツイスト結び目 K_{2m-1} ($m = 0, \pm 1, \pm 2, \pm 3, ...$)（付録 A の練習問題の問 1 参照）のコンウェイ多項式を計算せよ．

問 2　ツイスト結び目 K_{2m-1} ($m = 0, \pm 1, \pm 2, \pm 3, ...$) のジョーンズ多項式を計算せよ．

問 3　交点数がそれぞれ $12, 24, 36$ の既約交代結び目図式を描け．

問 4　交点数がそれぞれ $12, 24, 36$ の 2 成分の連結既約交代絡み目図式を描け．

問 5　ツイスト結び目 K_{2m-1} ($m = 0, \pm 1, \pm 2, \pm 3, ...$) は次のようなザイフェルト行列 V を持つことを示し，その符号数 $\sigma(K_{2m-1})$ は，$m > 0$ のとき -2,

$m \leq 0$ のとき 0 となることを示せ.
$$V = \begin{pmatrix} -m & 1 \\ 0 & -1 \end{pmatrix}$$

C 練習問題の略解と文献

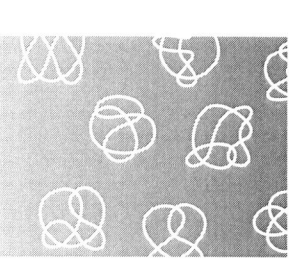

C.1 第1章について

問1の答 図 C.1 のようにライデマイスター移動 I, II, III を使って変形し，以下同様な個所を見つけて変形していくと自明結び目が得られる．

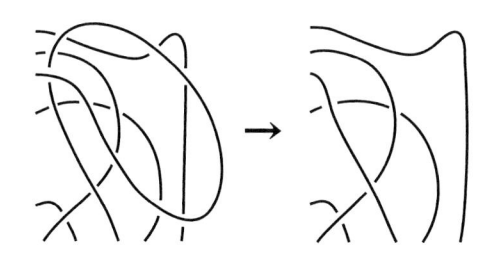

図 C.1 図 1.11 の結び目の自明結び目への変形

問2の答 図 C.2 のようにライデマイスター移動 I, II, III を使って変形すれば，後は容易に自明結び目まで変形できるだろう．

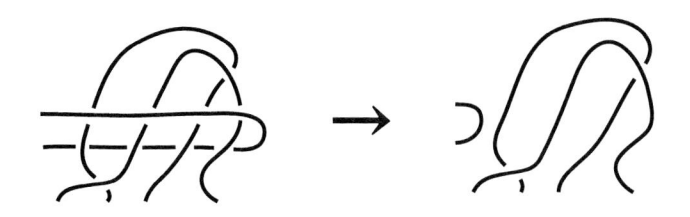

図 C.2 図 1.21 の結び目の自明結び目への変形

問3の答 平面上で一筆書きできる平面グラフは結び目または空間弧を平面に

射影したものである.結び目の場合には偶数次数の頂点しか生じない.空間弧の場合には,その2つの端点が1点に射影されるか2点に射影されるかに従って,奇数次数の頂点が存在しないか,ちょうど2個存在することになる.

問4の答 各頂点の近くの部分を,図C.3のように,それが偶数次数の頂点ならばいくつかの次数4の頂点に分解し,またそれが奇数次数の頂点ならばいくつかの次数4の頂点と次数1の頂点に分解しておく.このようにしてできたつながった平面グラフを,次数4の頂点を横断的に交わる交点とみなすことにより,それは結び目,1本の空間弧,結び目でないような絡み目,あるいは絡み目とそれに交わらない1本の空間弧を付け加えた空間グラフのいずれかの射影図になる.結び目でないような絡み目の場合を考えよう.辺上の任意の1点から出発して点を動かしていくとき,平面グラフ上では最初に異なる結び目成分と出会う交点が存在する.その交点を図C.4のように接触点とみなすことにより,その異なる結び目成分をつなぐことができる.以下これを繰り返していけば,結び目にできることがわかる.絡み目とそれに交わらない1本の空間弧を付け加えた空間グラフの場合には,空間弧の1つの端点から出発して点を動かしていくとき,同様の考察により,1本の空間弧にできることがわかる.

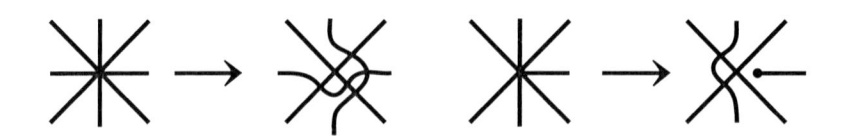

図 C.3 頂点付近の変形

図 C.4 接触点への変更

問5の答 ライデマイスター移動 I, II, III を使って,8の字結び目,あわび結

び目, 8_{17} を点対称の形である図 C.5 に変形し,それらの鏡像と比較せよ.

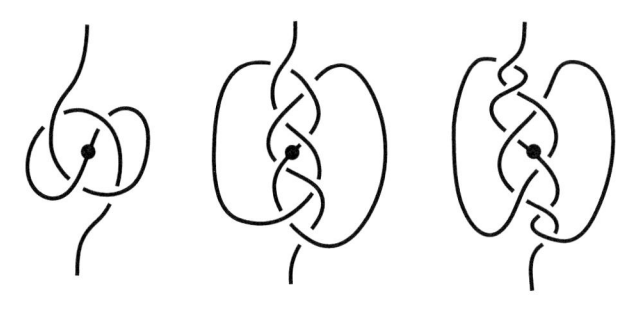

図 **C.5** 点対称の形

文　献

1) A. Kawauchi (ed.), *Knot Theory for Scientific Objects*, OCAMI Studies **1** (2007).
2) 河内明夫,レクチャー結び目理論,共立出版 (2007).
3) 河内明夫,結び目理論の科学への応用—プリオン分子モデルとこころのモデルを中心として,数学通信 **14-4** (2010 年 2 月),26-45.
4) A. Kawauchi, *Mind-Knots and Mind-Relations: Knot Theory Applied to Psychology*, Chapter 7 in: "Qualitative Mathematics for the Social Sciences, Mathematical Models for Research on Cultural Dynamics" (Lee Rudolph ed.), 227-253 (2012), Routledge's "Cultural Dynamics of Social Representation" series.
5) 河内明夫,結び目の数学教育について,数学教育研究(近刊).
6) 河内明夫・柳本朋子編,結び目の数学教育への導入 – 小学生・中学生・高校生を対象として –,結び目の数学教育研究プロジェクト,21 世紀 COE プログラム "結び目を焦点とする広角度の数学拠点の形成" における教育的活動 **1**(2005), **2**(2006), **3**(2009).
7) A. Kawauchi and T. Yanagimoto (ed.), *Teaching and Learning of Knot Theory in School Mathematics*, OCAMI Studies **4** (2011); Springer Verlag (2012).
8) A. Kawauchi and K. Yoshida, *Topology of Prion Proteins*, Journal of Mathematics and System Science **2** (2012), 237-248.
9) P. F. セルゲーエフ著(阿部光伸訳),右脳と左脳のはなし,東京図書 (1984).
10) 手塚育志他,トポロジーデザイニング—新しい幾何学からはじめる物質・材料設計—,NTS (2009).

C.2　第2章について

問1の答　C.

問2の答　例えば図 C.6 を見よ.

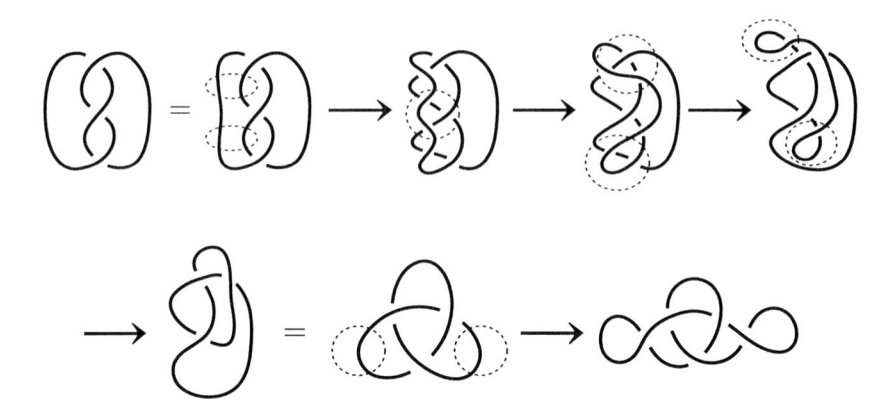

図 C.6　3つの図式はライデマイスター移動で移りあう.

問3の答　図 C.7 を見よ.

図 C.7

問4の答　図 C.8 に例を挙げたが，どの交点をひずみ交差点にするかによって答えは8通りある.

図 C.8

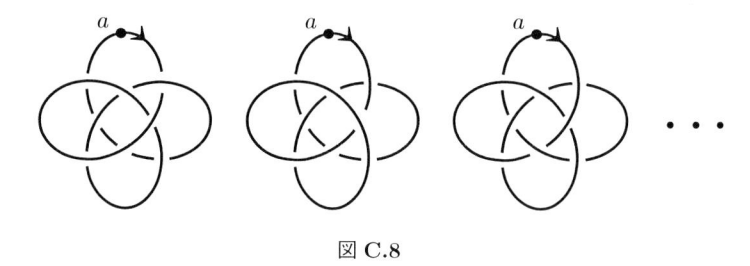

問 5 の答 $d(D_a) + d(D_a^*) = c(D), d(D^*) = d(-D)$ となる.

文　　献

1) A. Shimizu, *The Warping Degree of a Knot Diagram*, J. Knot Theory Ramifications **19** (2010), 849-857.

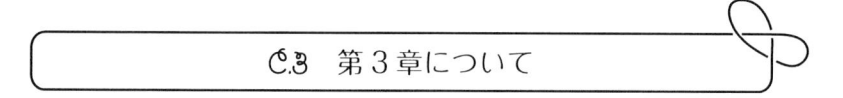

C.3　第 3 章について

問 1 の答　図 C.9 の通りである.

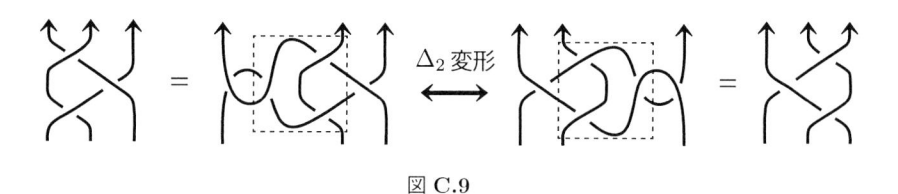

図 C.9

問 2 の答　図 C.10 の通りである.

問 3 の答　$P(5,1,4)$ で表される図式の「1」に対応する交差点で交差交換を行うと結び目 $6_2(= P(3,1,2))$ となる. さらに $P(3,1,2)$ で表される図式の「1」に対応する交差点で交差交換を行うと自明な結び目となる. また $\sigma(K) = -4$ より, $u(K) \geqq 2$ であるので $u(K) = 2$ である.

図 C.10

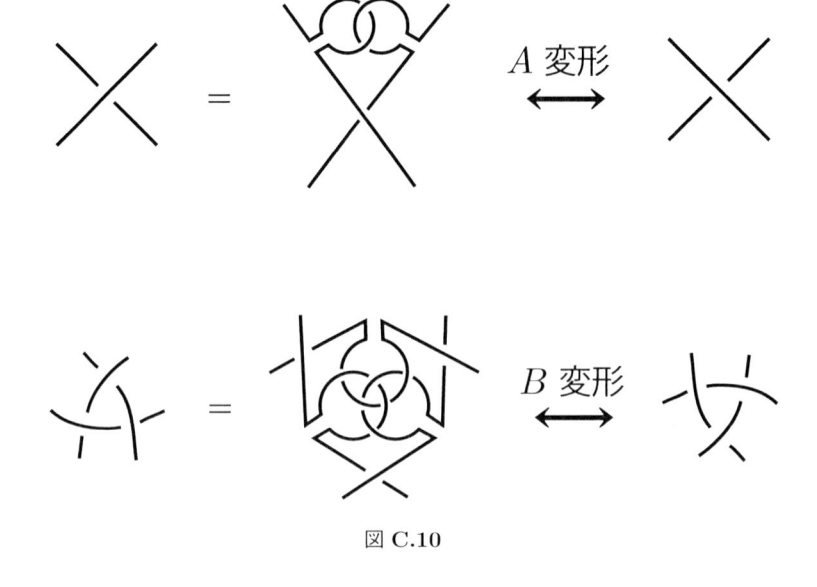

問 4 の答 結び目図式の形から $u(5_2) = 1$, $u_\Delta(4_1) = 1$ であることがわかる。図 C.11 から $u_\#(5_2) \leqq 2$ である。また $a_2(5_2) = 0$ であることから, $u_\#(5_2) \geqq 2$ であるので, $u_\#(5_2) = 2$ である。

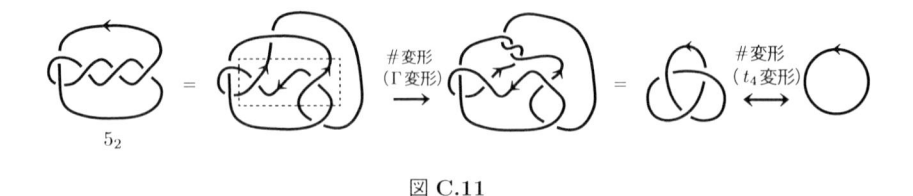

図 C.11

問 5 の答 結び目 3_1 と 4_1 が条件をみたす 1 つの組である。実際に, 図 3.21 の途中で描かれているように $u_\#(3_1 \# 4_1) = 2$ であるが, $u_\#(3_1) + u_\#(4_1) = 1 + 3 = 4$ である。

問 6 の答 交差交換についてはライデマイスター移動 I を考えればよい。パス変形については図 C.12 が 1 つの例である。

C.3 第3章について

図 **C.12**

問7の答 $a_2(3_1) = 1$, $a_2(4_1) = -1$ より,$d_G^\triangle(3_1, 4_1) \geqq 2$,$d_G^\#(3_1, 4_1) \geqq 2$ である.さらに $u_\triangle(3_1) = u_\triangle(4_1) = 1$ であるので,$d_G^\triangle(3_1, 4_1) = 2$ である.図 C.13 から $d_G^\#(3_1, 4_1) \leqq 2$ であるので,$d_G^\#(3_1, 4_1) = 2$ である.3_1 と 4_1 が 1回の $\overline{t_4}$ 変形で移りあうことは明らかであるので,$d_G^p(3_1, 4_1) = 1$ である.

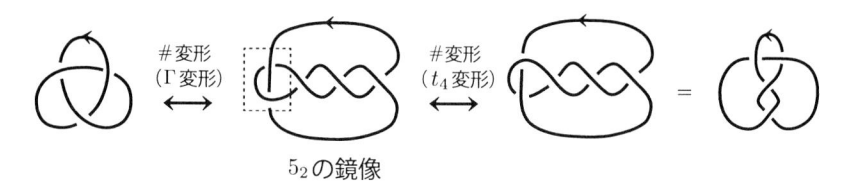

5_2の鏡像

図 **C.13** 前半の変形は図 C.11 と同じなので省略

問8の答 図 C.14 の通りである.

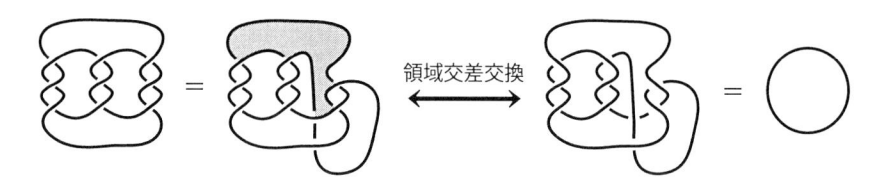

図 **C.14**

問9の答 $\sigma(K_6) = 0$ で $a_2(K_6) = 1$ であることから,$\text{Reg}(K_6) \geqq 3$ である.また $u_\triangle(K_6) = 1$ であることから $\text{Reg}(K_6) \leqq 3$ となるので,$\text{Reg}(K_6) = 3$ である.

文　　献

1) H. Aida, *Unknotting Operations of Polygonal Type*, Tokyo J. Math. **15** (1992), 111-121.
2) L. H. Kauffman, *On Knots*, Annals of Mathematics Studies **115**, Princeton University Press (1987).
3) H. Murakami, *Some Metrics on Classical Knots*, Math. Ann. **270** (1985), no. 1, 35-45.
4) H. Murakami and Y. Nakanishi, *On a Certain Move Generating Link-homology*, Math. Ann. **284** (1989), no. 1, 75-89.
5) K. Murasugi, *On a Certain Numerical Invariant of Link Types*, Trans. Amer. Math. Soc. **117** (1965), 387-422.
6) M. Okada, *Delta-unknotting Operation and the Second Coefficient of the Conway Polynomial*, J. Math. Soc. Japan **42** (1990), 713-717.

C.4　第4章について

問1の答　図 C.15 左において，破線の外側で a と c，b と d がそれぞれつながっている．スプライスをしても外側のつながり方は変わらないから，2成分絡み目の図式が得られる．

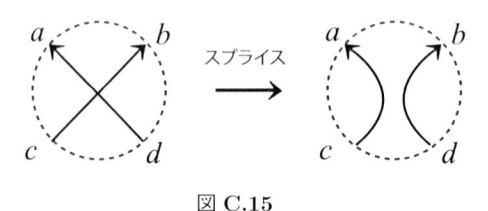

図 C.15

問2の答　図 C.16 のようになる．

問3の答　文献[2]を参照せよ．

問4の答　交点数が $c(D)$ の結び目図式は $2c(D)$ 本の辺を持つ．球面のオイラー標数 $v - e + f = 2$ より，領域は $c(D) + 2$ 個になる．

C.4　第4章について

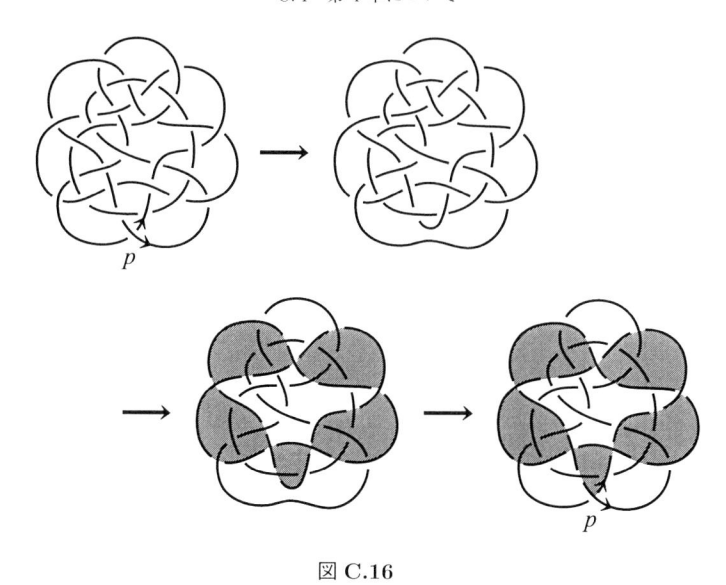

図 C.16

問 5 の答　例えば，図 C.17 のような結び目（ツイスト結び目）がそのような結び目である．

図 C.17

問 6 の答　$(2, 4n \pm 1)$-トーラス結び目図式 $T(2, 4n \pm 1)$ の領域結び目解消数は n である．証明は文献[2)]を参照せよ．

問 7 の答　図 C.18 のようになる．

図 C.18

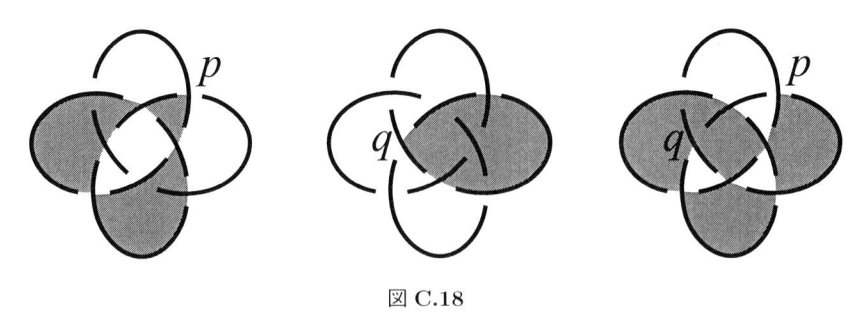

問 8 の答 まず異なる結び目成分図式の間の交差点でスプライスを行っていき，結び目図式を作る．それに 4.1 節の定理を適用し，単調図式を作る．この単調図式に，スプライスを行った交差点を付け加えれば，求める絡み目の図式が得られる．

文　　献

1) Z. Cheng, *When Is Region Crossing Change an Unknotting Operation?* (投稿中論文) (http://arxiv.org/abs/1201.1735 参照).
2) A. Shimizu, *Region Crossing Change is an Unknotting Operation*, Journal of the Mathematical Society of Japan(出版予定) (http://arxiv.org/abs/1011.6304 参照).

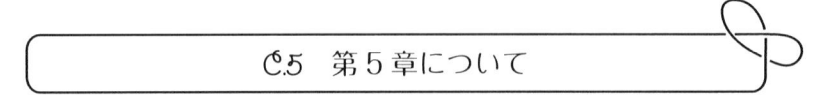

C.5　第 5 章について

問 1 の答　図 C.19 で示された領域を選択すればよい．

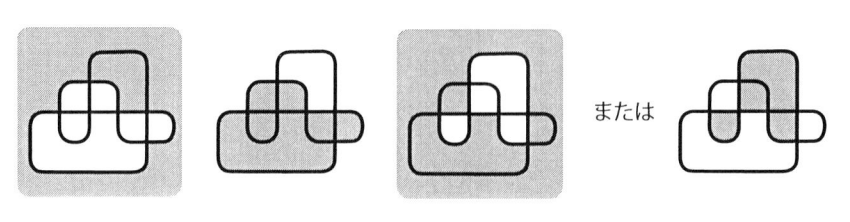

図 C.19

問 2 の答　どの 1 つの領域を選んでもゲームはクリアできない．図 C.20 のよう

に 2 つの領域を選ぶとランプを全点灯できる．よって最小手数は 2 となる．

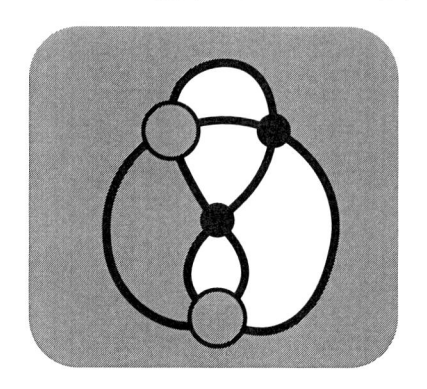

図 C.20

問 3 の答 図 C.21 で示された領域を選択すればよい．

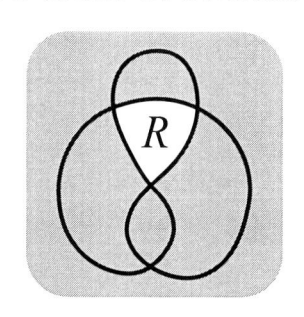

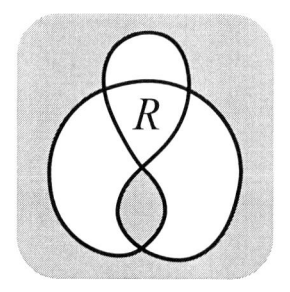

図 C.21

問 4 の答 図 C.22 で示された領域を選択すればよい．

図 C.22

106 C. 練習問題の略解と文献

問 5 の答 図 C.23 を見よ.

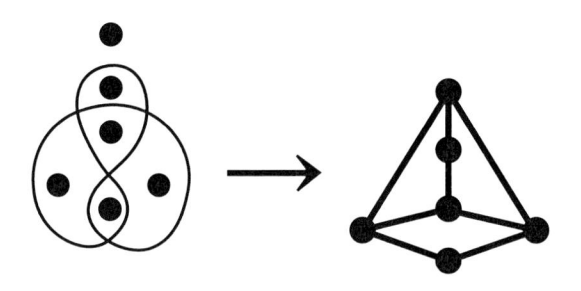

図 **C.23**

問 6 の答 図 C.24 を見よ.

図 **C.24**

問 7 の答 図 C.25 の色のついた頂点を選択すればよい（この問題は問題 1 の双対になっていることに気づいただろうか）.

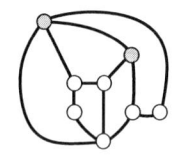

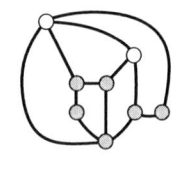

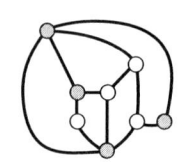

または

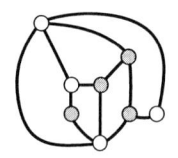

図 **C.25**

問 8 の答　すべての頂点を選択すればよい.

文　　　　献

1) K. Ahara and M. Suzuki, *An Integral Region Choice Problem on Knot Projection*, J. Knot Theory Ramifications **21** (2012), 1250119 (20 ページ). (http://arxiv.org/abs/1201.4539 参照).
2) Z. Cheng and H. Gao, *On Region Crossing Change and Incidence Matrix*, Science China Math. **55** (2012), 1487-1495 (http://arxiv.org/abs/1101.1129 参照).
3) A. Shimizu, *A Game Based on Knot Theory*, Asia Pacific Mathematics Newsletter **2** (2012), 22-23 (http://www.asiapacific-mathnews.com/02/0204/0022_0023.pdf 参照).
4) 清水理佳, 結び目理論をゲームに応用する, 数学通信 **17-1** (2012), 6-10 (http://mathsoc.jp/publication/tushin/1701/1701shimizu.pdf 参照).
5) 松本知子, 結び目理論によるパズル解析, 平成 23 年度山口大学理学部数学科卒業論文 (http://www.skaji.org/lectures/undergraduate 参照).
6) 領域選択ゲーム, http://www.sci.osaka-cu.ac.jp/math/OCAMI/news/gamehp/gametop.html
7) 領域選択ゲーム (こどもよう), http://www.sci.osaka-cu.ac.jp/math/OCAMI/news/gamehp/c3game/game3/top.html

C.6　付録 A について

付録 A で述べた内容の詳細については, 例えば 1 章の文献[2]を参照されたい.

問 1 の答　結び目の鏡像とは, その任意の結び目図式において, 交差点の上下を交代することにより得られる図式の結び目のことである. K_n の図式から得られた K_n^* の図式と K_{-n-1} の図式を比較することにより, それらはライデマイスター移動で移りあうことがわかる.

問 2 の答　図 C.26 のように変形できる. その傾きは $[3,3,2] = \dfrac{7}{23}$ となる.

問 3 の答　トーラスを描かないような $T(1,3)$, $T(4,1)$ の図式表示から, ライデマイスター移動により交差点のないループまで変形できることがわかる.

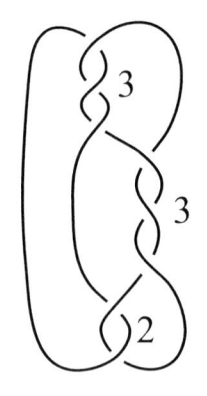

図 C.26　2 橋結び目

問 4 の答　図 C.27 のようになる．

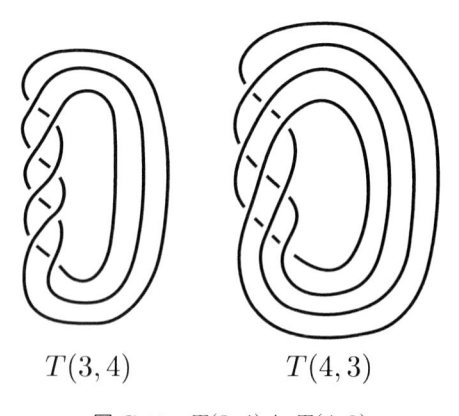

$T(3,4)$　　$T(4,3)$

図 C.27　$T(3,4)$ と $T(4,3)$

問 5 の答　問 3 の図式表示から，これらはライデマイスター移動で移りあうことがわかる．

問 6 の答　a_i が奇数ならば 1，偶数ならば 0 にそれぞれ置き換えても結び目かどうかには影響がない．そのように置き換えた図式を考えれば結論を得る．

C.6 付録 A について

問 7 の答 -7 交差点を持つ 2 本のひものねじれ部分は，7 交差点を持つ 2 本のひものねじれ部分の交差点の上下を逆にしたものであることに注意して，図 A.7 のように描けばよい．

問 8 の答 $a_i = \pm 1$ であるようなプレッツェル結び目，絡み目 $P(a_1, a_2, \ldots, a_m)$ はフライピング変形（図 C.28 参照）により，$P(a_1, a_2, \ldots, a_{i+1}, a_i, \ldots, a_m)$ と同型になる．この性質を繰り返し使うことにより，$P(3, -1, -2, 3, 1)$ は $P(3, -2, 3, -1, 1)$ に同型になる．$P(3, -2, 3, -1, 1)$ は $P(3, -2, 3)$ に等しい．

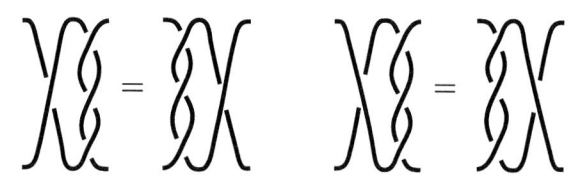

図 C.28　フライピング変形

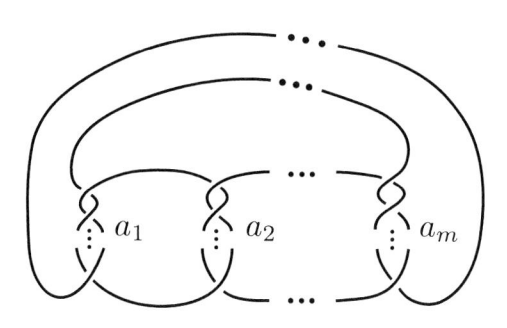

問 9 の答 プレッツェル結び目，絡み目の巡回表示（図 C.29 参照）から，プレッツェル結び目・絡み目 $P(a_1, a_2, \ldots, a_m)$ は $P(a_2, a_3, \ldots, a_m, a_1)$ に同型になる．この性質により，プレッツェル結び目 $P(3, 7, -2, 7)$ と $P(-2, 7, 3, 7)$ は同型であることがわかる．

図 C.29　プレッツェル結び目，絡み目の巡回表示

C.7 付録Bについて

付録Bで述べた内容の詳細については,例えば1章の文献[2]を参照されたい.

問1の答 $\nabla(K_{2m-1}; z) = 1 + mz^2$ と計算される.

問2の答 $t = A^{-4}$ とおくとき,
$$V(K_{2m-1}; A) = t^{2m} + \frac{1-t^{2m}}{1-t^2}(1-t)t^2(t+t^{-1})$$
と計算される.

問3の答 既約性は上下を忘れた結び目射影図のみでわかるので,まず指定された交点数を持つ結び目射影図を描く.それから上下を交互に付ければ,求める既約交代図式を得ることができる.

問4の答 注意点として,どちらかの結び目成分図式は奇数個の交差点を持たねばならない.

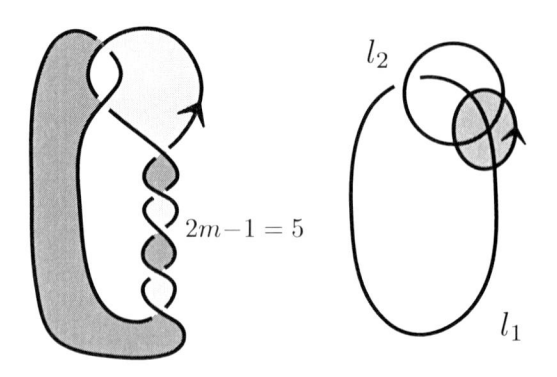

図 C.30 ザイフェルト曲面およびその骨組み

問 5 の答 ザイフェルト曲面およびその骨組みは図 C.30 のようになる．したがって，求めるザイフェルト行列を得る．

索　引

2 橋結び目　73
3 次元球体　33
8_{17}　2
8 の字結び目　1, 83, 89

A スプライス　85

B スプライス　85

DNA　11

m 角形領域　48

n 成分の絡み目　2

Region Select　63

S–S 結合　12

あ　行

アミロイド線維　13
あわび結び目　1
位相不変量　7, 80
宇宙の大規模構造　11
同じ　5

か　行

カウフマンのブラケット多項式　85
傾き　74
可約である　30
可約な交差点　30
可約な交点　30
絡み数　29
絡み目　2
絡み目射影図　20
絡み目図式　21
奇数型プレッツェル結び目　77
基点　23
基点付き絡み目図式　25
基点付きひずみ度　25
基点付き結び目図式　23
既約な射影図　31
既約な図式　30
鏡像　8
局所変形　34
空間グラフ　2
空間弧　2
偶数型プレッツェル結び目　77
薬　12
経済変動　16
弧　2

交差点　21
交代絡み目　89
交代図式　23
交点数　21
ゴルディアン距離　45

さ　行

ザイフェルト行列　91
ザイフェルト曲面　90
ザイフェルト曲面の骨組み　91

地震曲線　14
次数　4, 80
ジスルフィド結合　12
自明絡み目　2, 81, 88
自明な結び目図式　22
自明結び目　1
ジョーンズ多項式　88
心理学におけるこころ　14

スケイン・トリプル　81
図式　4
ステイト　85
スプライス　85

前駆アミロイドベータ　13

た　行

第一構造　12
第二構造　12
第三構造　12
多項式　80
タングル　33
単調である　24, 25
蛋白質　12

チェッカーボード彩色　53
頂点　4
頂点数　48

ツイスト結び目　75

定数項　80

同型　5
同相写像　6
トーラス絡み目　76
トーラス結び目　75

な　行

人間関係　14

ねじれ数　28

は　行

幅　80

ひずみ交差点　25
ひずみ度　25, 26
病気　12

符号数　91
ブラケット多項式　85
プリオン蛋白　12
プレッツェル結び目　77
プロパー絡み目　59
文化人類学　15
分子グラフ　10

平面グラフ　3, 67
辺　4

ホップの絡み目　82, 89

ま　行

三編み　15
三葉結び目　1, 82, 89

向き付けられた絡み目図式　22

向き付けられた結び目図式　22
結び目　1
結び目解消数　40
結び目解消操作　39
結び目射影図　20
結び目図式　21
村杉の定理　90

もろて型　8

や　行

ヤン・バクスター方程式　10

有向タングル　34

ら　行

ライデマイスター移動　5
ランプ付き結び目射影図　62

領域　48
領域交差交換　48
領域指数　49
領域選択ゲーム　63
領域点灯ゲーム　67
領域結び目解消数　57

連結でない図式　86
連結和　77

ローラン多項式　80

著者紹介

河内明夫（かわうち　あきお）
1977 年　大阪市立大学大学院理学研究科後期博士課程修了
現　在　大阪市立大学数学研究所　研究所員・名誉所長,
　　　　大阪市立大学名誉教授

岸本健吾（きしもと　けんご）
2010 年　大阪市立大学大学院理学研究科後期博士課程修了
現　在　大阪工業大学工学部一般教育科　特任講師

清水理佳（しみず　あやか）
2011 年　大阪市立大学大学院理学研究科後期博士課程修了
現　在　群馬工業高等専門学校一般教科（自然科学）　助教

結び目理論とゲーム
―領域選択ゲームでみる数学の世界―　　　定価はカバーに表示

2013 年 6 月 20 日　初版第 1 刷

著　者　河　内　明　夫
　　　　岸　本　健　吾
　　　　清　水　理　佳
発行者　朝　倉　邦　造
発行所　株式会社　朝　倉　書　店
　　　　東京都新宿区新小川町 6-29
　　　　郵便番号　１６２-８７０７
　　　　電　話　03(3260)0141
　　　　ＦＡＸ　03(3260)0180
　　　　http://www.asakura.co.jp

〈検印省略〉

© 2013〈無断複写・転載を禁ず〉　　　中央印刷・渡辺製本

ISBN 978-4-254-11140-8　C 3041　　Printed in Japan

JCOPY　〈(社)出版者著作権管理機構　委託出版物〉

本書の無断複写は著作権法上での例外を除き禁じられています。複写される場合は、そのつど事前に、(社) 出版者著作権管理機構 (電話 03-3513-6969, FAX 03-3513-6979, e-mail: info@jcopy.or.jp) の許諾を得てください。

◈ 数学30講シリーズ〈全10巻〉◈

著者自らの言葉と表現で語りかける大好評シリーズ

前東工大 志賀浩二著
数学30講シリーズ 1
微 分・積 分 30 講
11476-8 C3341　　A5判 208頁 本体3400円

〔内容〕数直線／関数とグラフ／有理関数と簡単な無理関数の微分／三角関数／指数関数／対数関数／合成関数の微分と逆関数の微分／不定積分／定積分／円の面積と球の体積／極限について／平均値の定理／テイラー展開／ウォリスの公式／他

前東工大 志賀浩二著
数学30講シリーズ 2
線 形 代 数 30 講
11477-5 C3341　　A5判 216頁 本体3600円

〔内容〕ツル・カメ算と連立方程式／方程式，関数，写像／2次元の数ベクトル空間／線形写像と行列／ベクトル空間／基底と次元／正則行列と基底変換／正則行列と基本行列／行列式の性質／基底変換から固有値問題へ／固有値と固有ベクトル／他

前東工大 志賀浩二著
数学30講シリーズ 3
集 合 へ の 30 講
11478-2 C3341　　A5判 196頁 本体3600円

〔内容〕身近なところにある集合／集合に関する基本概念／可算集合／実数の集合／写像／濃度／連続体の濃度をもつ集合／順序集合／整列集合／順序数／比較可能定理，整列可能定理／選択公理のヴァリエーション／連続体仮説／カントル

前東工大 志賀浩二著
数学30講シリーズ 4
位 相 へ の 30 講
11479-9 C3341　　A5判 228頁 本体3600円

〔内容〕遠さ，近さと数直線／集積点／連続性／距離空間／点列の収束，開集合，閉集合／近傍と閉包／連続写像／同相写像／連結空間／ベールの性質／完備化／位相空間／コンパクト空間／分離公理／ウリゾーン定理／位相空間から距離空間／他

前東工大 志賀浩二著
数学30講シリーズ 5
解 析 入 門 30 講
11480-5 C3341　　A5判 260頁 本体3600円

〔内容〕数直線の生い立ち／実数の連続性／関数の極限値／微分と導関数／テイラー展開／ベキ級数／不定積分から微分方程式へ／線形微分方程式／面積／定積分／指数関数再考／2変数関数の微分可能性／逆写像定理／2変数関数の積分／他

前東工大 志賀浩二著
数学30講シリーズ 6
複 素 数 30 講
11481-2 C3341　　A5判 232頁 本体3600円

〔内容〕負数と虚数の誕生まで／向きを変えることと回転／複素数の定義／複素数と図形／リーマン球面／複素関数の微分／正則関数と等角性／ベキ級数と正則関数／複素積分と正則性／コーシーの積分定理／一致の定理／孤立特異点／留数／他

前東工大 志賀浩二著
数学30講シリーズ 7
ベクトル 解 析 30 講
11482-9 C3341　　A5判 244頁 本体3400円

〔内容〕ベクトルとは／ベクトル空間／双対ベクトル空間／双線形関数／テンソル代数／外積代数の構造／計量をもつベクトル空間／基底の変換／グリーンの公式と微分形式／外微分の不変性／ガウスの定理／ストークスの定理／リーマン計量／他

前東工大 志賀浩二著
数学30講シリーズ 8
群 論 へ の 30 講
11483-6 C3341　　A5判 244頁 本体3400円

〔内容〕シンメトリーと群／群の定義／群に関する基本的な概念／対称群と交代群／正多面体群／部分群による類別／巡回群／整数と群／群と変換／軌道／正規部分群／アーベル群／自由群／有限的に表示される群／位相群／不変測度／群環／他

前東工大 志賀浩二著
数学30講シリーズ 9
ルベーグ 積 分 30 講
11484-3 C3341　　A5判 256頁 本体3600円

〔内容〕広がっていく極限／数直線上の長さ／ふつうの面積概念／ルベーグ測度／可測集合／カラテオドリの構想／測度空間／リーマン積分／ルベーグ積分へ向けて／可測関数の積分／可積分関数の作る空間／ヴィタリの被覆定理／フビニ定理／他

前東工大 志賀浩二著
数学30講シリーズ10
固有値問題 30 講
11485-0 C3341　　A5判 260頁 本体3600円

〔内容〕平面上の線形写像／隠されているベクトルを求めて／線形写像と行列／固有空間／正規直交基底／エルミート作用素／積分方程式／フレードホルムの理論／ヒルベルト空間／閉部分空間／完全連続な作用素／スペクトル／非有界作用素／他

◆ 数学オリンピックへの道〈全3巻〉 ◆
国際数学オリンピックを目指す方々へ贈る精選問題集

T.アンドレースク・Z.フェン著
前東女大 小林一章・早大 鈴木晋一監訳
数学オリンピックへの道1
組合せ論の精選102問
11807-0 C3341　　A5判 160頁 本体2800円

国際数学オリンピック・アメリカ代表チームの訓練や選抜で使われた問題から選り抜かれた102問を収めた精選問題集。難問奇問の寄せ集めではなく、これらを解いていくことで組合せ論のコツや技術が身につけられる構成となっている。

T.アンドレースク・Z.フェン著
前東女大 小林一章・早大 鈴木晋一監訳
数学オリンピックへの道2
三角法の精選103問
11808-7 C3341　　A5判 240頁 本体3400円

国際数学オリンピック・アメリカ代表チームの訓練や選抜で使われた問題から選り抜かれた103問を収めた三角法の精選問題集。三角法に関する技能や技術を徐々に作り上げてゆくことができる。第1章には三角法に関する基本事項をまとめた。

T.アンドレースク・D.アンドリカ・Z.フェン著
前東女大 小林一章・早大 鈴木晋一監訳
数学オリンピックへの道3
数論の精選104問
11809-4 C3341　　A5判 232頁 本体3400円

国際数学オリンピック・アメリカ代表チームの訓練や選抜で使われた問題から選り抜かれた104問を収めた数論の精選問題集。数論に関する技能や技術を徐々に作り上げてゆくことができる。第1章には数論に関する基本事項をまとめた。

前東女大 小林一章監修
獲得金メダル！ 国際数学オリンピック
—メダリストが教える解き方と技—
11132-3 C3041　　A5判 192頁 本体2600円

数学オリンピック(JMO・IMO)出場者自身による、類例のない数学オリンピック問題の解説書。単なる「問題と解答」にとどまらず、知っておきたい知識や実際の試験での考え方、答案の組み立て方などにも踏み込んで高い実践力を養成する。

前学習院大 飯高　茂・東大 楠岡成雄・東大 室田一雄編
朝倉 数学ハンドブック ［基礎編］
11123-1 C3041　　A5判 816頁 本体20000円

数学は基礎理論だけにとどまらず、応用方面への広がりをもたらし、ますます重要になっている。本書は理工系、なかでも工学系全般の学生が知っていれば良いことを主眼として、専門のみならず専門外の内容をも理解できるように平易に解説した基礎編である。〔内容〕集合と論理／線形代数／微分積分学／代数学(群、環、体)／ベクトル解析／位相空間／位相幾何／曲線と曲面／多様体／常微分方程式／複素関数／積分論／偏微分方程式／関数解析／積分変換・積分方程式

前学習院大 飯高　茂・東大 楠岡成雄・東大 室田一雄編
朝倉 数学ハンドブック ［応用編］
11130-9 C3041　　A5判 632頁 本体16000円

数学は最古の学問のひとつでありながら、数学をうまく応用することは現代生活の諸部門で極めて大切になっている。基礎編につづき、本書は大学の学部程度で学ぶ数学の要点をまとめ、数学を手っ取り早く応用する必要がありエッセンスを知りたいという学生や研究者、技術者のために、豊富な講義経験をされている執筆陣でまとめた応用編である。〔内容〕確率論／応用確率論／数理ファイナンス／関数近似／数値計算／数理計画／制御理論／離散数学とアルゴリズム／情報の理論

早大村上　順著
すうがくぶっくす3
結 び 目 と 量 子 群
11553-6 C3341　　　A5判 200頁 本体3300円

結び目の量子不変量とその背後にある量子群についての入門書。量子不変量がどのように結び目を分類するか，そして量子群のもつ豊かな構造を平明に説く。〔内容〕結び目とその不変量／組紐群と結び目／リー群とリー環／量子群（量子展開環）

前東女大小林一章著
すうがくぶっくす11
曲面と結び目のトポロジー
—基本群とホモロジー群—
11471-3 C3341　　　A5変判 160頁 本体2800円

基本群とホモロジー群の長所を組み合わせ，曲面と結び目を中心にトポロジーのおもしろさを展開。〔内容〕曲面／多様体／連結和／基本群／ホモトピー／ティーツェ変換／ザイフェルトファンカンペンの定理／ホモロジー群／位相空間／他

小竹義朗・瀬山士郎・玉野研一・根上生也・深石博夫・村上　斉著
ト ポ ロ ジ ー 万 華 鏡 Ⅰ
11063-0 C3041　　　A5判 176頁 本体3600円

数学好きの高校生以上に贈る，どの章から読んでもOKの，ハートは万華鏡の書。〔内容〕点列を調べよう—距離空間の話—（小竹義朗）／切ったり貼ったり—ホモロジー理論—（瀬山士郎）／結んでほどいて—結び目理論—（村上斉）

小竹義朗・瀬山士郎・玉野研一・根上生也・深石博夫・村上　斉著
ト ポ ロ ジ ー 万 華 鏡 Ⅱ
11064-7 C3041　　　A5判 184頁 本体3200円

数学好きの高校生以上に贈る，どの章から読んでもOKの万華鏡の書。〔内容〕開とくりゃ閉一位相空間入門—（玉野研一）／伸びたり縮んだり—ホモトピー理論—（深石博夫）／曲面で踊るグラフたち—位相幾何学的グラフ理論—（根上生也）

明大杉原厚吉著
応用数学基礎講座10
ト ポ ロ ジ ー
11580-2 C3341　　　A5判 224頁 本体3800円

直観的なイメージを大切にし，大規模集積回路の配線設計や有限要素法のためのメッシュ生成など応用例を多数取り上げた。〔内容〕図形と位相空間／ホモトピー／結び目とロープマジック／複体／ホモロジー／トポロジーの計算論／グラフ理論

東工大小島定吉著
講座　数学の考え方22
3 次 元 の 幾 何 学
11602-1 C3341　　　A5判 200頁 本体3600円

曲面に対するガウス・ボンネの定理とアンデレーフ・サーストンの定理を足がかりに，素朴な多面体の貼り合わせから出発し，多彩な表情をもつ双曲幾何を背景に，3次元多様体の幾何とトポロジーがおりなす豊饒な世界を体積をめぐって解説

早大鈴木晋一著
シリーズ〈数学の世界〉6
幾 何 の 世 界
11566-6 C3341　　　A5判 152頁 本体2800円

ユークリッドの平面幾何を中心にして，図形を数学的に扱う楽しさを読者に伝える。多数の図と例題，練習問題を添え，談話室で興味深い話題を提供する。〔内容〕幾何学の歴史／基礎的な事項／3角形／円周と円盤／比例と相似／多辺形と円周

カリフォルニア大D.C.ベンソン著　前慶大柳井　浩訳
数 学 へ の い ざ な い（上）
11111-8 C3041　　　A5判 176頁 本体3200円

魅力ある12の話題を紹介しながら数学の発展してきた道筋をたどり，読者を数学の本流へと導く楽しい数学書。上巻では数と幾何学の話題を紹介。〔内容〕古代の分数／ギリシャ人の贈り物／比と音楽／円環面図／眼が計算してくれる

カリフォルニア大D.C.ベンソン著　前慶大柳井　浩訳
数 学 へ の い ざ な い（下）
11112-5 C3041　　　A5判 212頁 本体3500円

12の話題を紹介しながら読者を数学の本流へと導く楽しい数学書。下巻では代数学と微積分学の話題を紹介。〔内容〕代数の規則／問題の起源／対称性は怖くない／魔法の鏡／巨人の肩の上から／6分間の微積分学／ジェットコースターの科学

I.スチュアート著
聖学院大松原　望監訳　藤野邦夫訳
数学のエッセンス1
イアン・スチュアートの 数 の 世 界
11811-7 C3341　　　B5判 192頁 本体3800円

多彩な話題で数学の世界を紹介。〔内容〕フィボナッチと植物の生長／彫刻と黄金数／音階の数学／選挙制度と民主的／膨張する宇宙／パスカルのフラクタル／完全数，素数／フェルマーの定理／アルゴリズム／魔方陣／連打される鐘と群論

上記価格（税別）は2013年5月現在